Friedrich Hermann

Katechismus der Feldmeßkunst mit Kette, Winkelspiegel und Meßtisch

unikum

Friedrich Hermann

Katechismus der Feldmeßkunst mit Kette, Winkelspiegel und Meßtisch

---

ISBN/EAN: 9783845743530
Erscheinungsjahr: 2012
Erscheinungsort: Bremen, Deutschland

www.unikum-verlag.de | office@unikum-verlag.de

Friedrich Hermann

Katechismus der Feldmeßkunst mit Kette, Winkelspiegel und Meßtisch

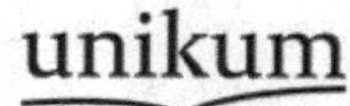

Katechismus
der
Feldmeßkunst
mit
Kette, Winkelspiegel und Messtisch.

Von

Friedrich Herrmann.

Vierte, durchgesehene Auflage.

Mit 92 in den Text gedruckten Figuren und einer Flurkarte.

Leipzig
Verlagsbuchhandlung von J. J. Weber
1884

Inhaltsverzeichnis.

Vierter Abschnitt.

Fünfter Abschnitt.

Sechster Abschnitt.

Siebenter Abschnitt.

Katechismus der Feldmesskunst.

Einleitung.

Allgemeine Erklärungen und Vorbegriffe.

1. Was lehrt die Feldmeßkunst überhaupt?

Sie lehrt jedes gegebene Stück der Erdoberfläche genau nach seiner Größe zu bestimmen, seine Gestalt und die darauf befindlichen Objekte, als Grenzen, Flüsse, Wege, Gebäude u. s. w., in Grundriß zu bringen, Teile davon nach bestimmter Größe und Form abzuschneiden und die Höhe eines Objektes über die Höhe eines andern anzugeben.

2. Womit beschäftigt sich die ökonomische Feldmeßkunst insbesondere?

Mit Bestimmung der Größe einzelner Feld-, Wiesen- und Waldgrundstücke, mit genauer Grundlegung der Grenzen des ganzen Grundstückes so wie der einzelnen Kulturarten, mit Geradlegung krummer Grenzen, so wie Zusammenlegung, Umtausch und Abschneidung einzelner Flurteile, und mit der Bestimmung der Bodensteigung behufs der Anlegung von Be- und Entwässerungen, Wegen, Gräben und Drainagen.

3. Was wird unter einer horizontalen Fläche verstanden?

Eine solche, die wasserrecht, d. h. wie der Spiegel eines stehenden Gewässers ausgebreitet ist.

4. Wird beim Feldmessen die horizontale oder die schiefe Fläche berücksichtigt und aus welchem Grunde?

Die horizontale, weil die Erfahrung gelehrt hat, daß auf einer schiefen Fläche nicht mehr Pflanzen wachsen als auf den entsprechenden horizontalen; weil die Bestellung geneigter Flächen schwieriger ist und weil der Grundriß nur nach horizontaler Projektion gezeichnet werden kann.

5. Erfordert die gesamte Feldmeßkunst viel Vorkenntnisse?

Zur höhern Meßkunst gehören allerdings mancherlei Vorkenntnisse, namentlich Geometrie, Trigonometrie, mathematische Geographie rc., vorzüglich aber auch Kenntnis der verschiedenen Meßinstrumente, ihrer Justierung und ihres Gebrauches, gutes Auge, ruhige Hand und ein scharfer Umblick.

6. Welche Vorkenntnisse erfordert die Meßkunst für gewöhnliche ökonomische Zwecke?

Nur wenig. Wünschenswert sind Kenntnis der Decimalbruchrechnung, des Kettensatzes und der Gesellschaftsrechnung. Fleiß und Übung bringen das Übrige.

7. Was wird unter einem Decimalbruch verstanden?

Ein Decimalbruch ist ein solcher, dessen Nenner aus einer dekadischen Zahl besteht.

8. Was ist eine dekadische Zahl?

Eine solche, welche aus einer Eins und einer beliebigen Anzahl Nullen zusammengesetzt ist, z. B. 10, 100, 1000 u. s. f.

9. Welche Vorzüge haben die Decimalbrüche?

Bei ihnen werden die Nenner nicht geschrieben, weshalb das Rechnen damit sehr leicht ist. Sodann schreiten sie mit der Zahl Zehn fort, schließen sich deshalb dem metrischen Maß- und Gewichtsystem genau an und überheben aus diesem Grunde jeder Reduktion von einer Einheit in eine andere.

10. Wie ist hiernach die Form eines solchen Bruches?

Da, wo die Ganzen aufhören, wird ein Komma oder auch ein Punkt gesetzt. Das Einerzeichen. — Die nächstfolgende Ziffer bezeichnet nun Zehntel, die folgende Hundertel, die nächste Tausendtel, die folgende Zehntausendtel u. s. w. 73,4079 ist hiernach zu lesen: 73 Ganze, 4 Zehntel, kein Hundertel, 7 Tausendtel, 9 Zehntausendtel, oder kürzer: 73 Ganze 4079 Zehntausendtel.

11. Wie ist die Bezeichnung, wenn keine Ganzen vorhanden?

Ihre Stelle wird durch eine Null ersetzt. 0,7124 heißt hiernach: kein Ganzes 7124 Zehntausendtel; 0,017 heißt kein Ganzes 17 Tausendtel; 0,0014 heißt kein Ganzes 14 Zehntausendtel u. s. f.

12. Welcher Bruch ist größer: 0,21 oder 0,2100?

Sie haben beide gleichen Wert und nur die Grundeinheiten sind verschieden. 7 Decimeter, 70 Centimeter und 700 Millimeter sind auch gleich groß. Überhaupt wird der Wert eines Decimalbruches durch rechts angehängte Nullen nicht geändert.

13. Was geschieht aber, wenn den Bruchziffern links Nullen vorgesetzt werden?

Durch jede Null wird der Wert des Bruches um zehnmal verkleinert, z. B. 0,014 ist zehnmal; 0,0014 hundertmal; 0,00014 tausendmal kleiner als wie 0,14.

14. Wie werden Decimalbrüche addiert und subtrahiert?

Sie werden so unter einander geschrieben, daß Komma genau unter Komma steht, und dann wird ganz so gerechnet wie bei ganzen Zahlen. Der Anfänger kann vorher nach Frage 12 die Anzahl der Decimalstellen durch angehängte Nullen gleich machen.

15. Wie wird hiernach der Ansatz aussehen?

Um 2,21; 17,4; 0,818; 0,0714 zu addieren ist die Rechnung

```
  2,21
 17,4
  0,818
  0,0714
---------
 20,4994
```

wobei zu bemerken, daß die 14 Zehntel Ein Ganzes und vier Zehntel ausmacht. Um weiter 0,724 von 13,4 abzuziehen, ist die Rechnung

von 13,400
ab 0,724
bleibt 12,676.

16. Auf welche Weise geschieht die Multiplikation?

Es wird ganz, als wie mit Ganzen multipliziert und dem Produkte so viel Bruchziffern gegeben, als wie in den Faktoren zusammen enthalten sind. Um z. B. 12,17 durch 0,312 zu multiplizieren, ist zuerst 1217 × 312 gleich 379704. Nun hat 12,17 zwei und 0,312 drei Ziffern im Bruche, dem Produkte sind also zusammen fünf Bruchstellen abzuschneiden und es ist 12,17 × 0,312 = 3,79704.

17. Wie groß ist das Produkt von 1,074 × 0,0037?

Zuerst ist 1074 × 37 gleich 39738. Die Faktoren haben zusammen sieben Bruchstellen. Das Produkt hat nur fünf Ziffern. Es sind demselben deshalb zwei Nullen links vorzusetzen und es ist 1,074 × 0,037 = 0,0039738.

18. Beim Multiplizieren entstehen oft sehr viele Decimalstellen. Sind sie alle erforderlich?

Nein! In der Regel sind höchstens vier Bruchziffern notwendig: was darüber kommt, wird weggelassen.

19. Was ist zu berücksichtigen, wenn die erste der wegzulassenden Ziffern fünf oder größer als fünf?

In diesem Falle wird die letzte der bleibenden Stellen um eine Einheit erhöht. Auf vier Stellen gekürzt sind z. B. 0,371456 = 0,3715; 0,784175 = 0,7842 ꝛc.

20. Es soll 3 durch 8 dividiert werden, wie geschieht dies mit Decimalen?

Es heißt hier: 8 in 3 = 0 Ganze. Eine Null an die 3 giebt 30 (Zehntel); 8 in 30 gleich 3 mal; 3 × 8 gleich 24, bleibt 6 Rest. Eine Null angehängt giebt 60 (Hundertel);

8 in 60 gleich 7 mal; 7 × 8 gleich 56, bleibt 4 Rest. Eine Null angehängt giebt 40 (Tausendtel); 8 in 40 gleich 5 mal. Mithin 8 in 3 gleich 0,375.

21. Können den Resten auf einmal mehr als eine Null angehängt werden?

Weil bei der Division streng Stelle nach Stelle genommen werden muß, so ist es ratsam, nur eine Null auf einmal anzusetzen. Geht die Division noch nicht, so kommt eine Null in den Quotient, und dies geschieht so oft, als bis die Division möglich.

22. Wie ist die Division von Decimalbrüchen am bequemsten und sichersten auszuführen?

Für alle möglichen Fälle genügt als Regel, die Decimalstellen in Divisor und Dividend durch angehängte Nullen gleich zu machen, die Kommas wegzulassen und wie mit ganzen Zahlen zu rechnen.

23. Wie ist dies zu verstehen?

Es sei 21,13 durch 0,718 zu dividieren. Die Decimalstellen gleich gemacht (Frage 12), giebt 21,130 durch 0,718. Die Kommas weg, kommt 21130 durch 718 und der Quotient ist 29,4289.

24. Welches Maß wird beim Feldmessen angewendet?

Allgemein gilt jetzt das Meter (m). 10 Meter heißen eine Kette. Kleine Längen werden in Decimeter ausgedrückt. Die Flächeneinheit ist ein Quadrat-Meter (□m). 100 □m (1 □Kette) heißen 1 Ar; 100 Ar oder 10 000 □m sind 1 Hektar.

25. Waren die bisherigen Feldmaße einander gleich?

Nein, im Gegenteil, sie waren sehr verschieden. Als Längeneinheit diente die Rute von ganz verschiedener Größe. In Sachsen z. B. hatte die Feldmeßrute 7 Ellen 14 Zoll und die Straßenbaurute 8 Ellen. Flächeneinheit war die Quadratrute, größere Flächen wurden nach Äckern, Morgen, Joch u. s. w. bestimmt.

26. Wie vergleichen sich die gebräuchlichsten bisherigen Feldmeßmaße gegen einander?

Die Vergleichung geschieht am bequemsten nach dem neuen Maße und ist für die wichtigsten Länder in folgender Tabelle zusammengestellt:

Land	Längenmaß	100 solche Einheiten sind Meter	Flächenmaß	100 solche Einheiten sind Ar
Österreich	Klafter à 6 Fuß	1897	Joch, 1600 □ Klftr.	5756
Preußen	Rute à 10 Fuß	3766	Morgen, 180 □ R.	2553
Bayern	" "	2919	Juchart, 400 □ R.	3407
Sachsen	" "	4295	Acker, 300 □ R.	5540
Hannover	" "	4674	Morgen, 120 □ R.	2621
Württemberg	" "	2865	Morgen, 384 □ R.	3152
Baden	" "	3000	Morgen, 400 □ R.	3600
Großherzogt. Hessen	" "	3989	Acker, 150 □ R.	2387
Kurhessen	Rute à 10 Fuß	3570	Morgen, 190 □ R.	2039
Mecklenburg	" (auch wie Preußen)	4656	Morgen, 300 □ R.	6500
Oldenburg	" à 10 Fuß	5526	Jück, 160 □ R.	4538
Braunschweig	" "	4566	Feldmorg., 120 □ R.	2502
Altenburg	" "	5675	Acker, 200 □ R.	6443
Gotha	Feldrute	4032	Feldacker, 160 □ R.	2270
Frankreich	Dekameter	10000	Are, 100 □ Meter	100
England und Amerika	Rute (Rod)	5029	Acker, 160 □ Rods	4047
Rußland	Sasche	2134	Däßjetine, 2400 □ Saschen	10925

27. Auf welche Weise kann die Vergleichung der in obiger Tabelle stehenden Maße unter sich erfolgen?

Entweder durch einen Kettensatz oder auch unmittelbar durch Verwechselung der Verhältniszahlen. Wäre z. B. die Frage, wie viel alte sächsische Längenruten sind 43 engl. Rods, so ist der Ansatz:

x R. sächs.	43 engl. Rods
100	5029 Meter
4295	100 R. sächs.
	5029 × 43
	20116
	15087
4295 in	216247 = 50,35 R. sächs. sind gleich 43 R. engl.
	21475
	14970
	12885
	2085

Man hätte aber auch sofort die Gleichung

5029 sächs. R. = 4295 engl. R.

$\frac{5029}{4295}$ sächs. R. = 1 engl. R. also auch

$$43 \text{ engl. R.} = \frac{43 \times 5029}{4295} \text{ sächs. R.}$$

Auf gleiche Weise erfolgt die Vergleichung der Ackermaße. Sollte z. B. die Größe von 1 bayrischem Juchart in alten preuß. Morgen ausgedrückt werden, so wäre der Ansatz:

x M. pr.	1 Juchart
100	3407 Ar
2553	100 pr. M.
2553	3407 = 1,335 pr. Morgen gleich 1 bayr. Juchart.

28. Auf welche Weise geschieht die Vergleichung verschiedener Flächen?

Dadurch, daß die Quadrate der Längenverhältnisse in Ansatz gebracht werden. Um z. B. alte sächsische Quadratruten auf Quadratmeter zu bringen, ist der Ansatz:

x □M.	1 □R.
1000 × 1000	4295 × 4295 □M.
1 □R. =	18,447025 □M.

Für 1 alte preuß. Quadratrute ist der Ansatz:

x □M.	1 □R.
1000 × 1000	3766 × 3766 □M
1 □R. =	14,182756 □M.

29. Ist die Kenntnis der früheren Maße noch notwendig?

Ja! Es ist nicht möglich, alle Flur- und Lagerbücher und Kataster auf einmal umzurechnen, auch finden sich in anderen Urkunden vielfach Flächenangaben nach altem Maße, so daß dessen Kenntnis noch lange Zeit unentbehrlich ist.

30. Auf welche Weise geschieht die Umrechnung des alten Maßes auf neues am besten?

Durch Hülfe einer Reduktionstabelle. Es fördert dies die Arbeit sehr, ist nicht so ermüdend, als wie spezielles Berechnen, und gewährt auch mehr Sicherheit vor Irrtümern.

31. Wie ist eine solche Tabelle für sächsisches Maß beschaffen?

Zum gewöhnlichen Gebrauche genügt folgende:

□R.	Hektar	□R.	Hektar	□R.	Hektar	□R.	Hektar.
5 Acker	2,7671	230	0,4243	120	0,2214	10	0,0184
4 „	2,2137	220	0,3978	110	0,1989	9	0,0166
3 „	1,6603	210	0,3875	100	0,1845	8	0,0148
2 „	1,1068	200	0,3689	90	0,1660	7	0,0129
1 „	0,5534	190	0,3505	80	0,1476	6	0,0111
290 □R.	0,5350	180	0,3321	70	0,1291	5	0,0092
280	0,5165	170	0,3146	60	0,1107	4	0,0074
270	0,4981	160	0,2952	50	0,0922	3	0,0055
260	0,4796	150	0,2767	40	0,0738	2	0,0037
250	0,4612	140	0,2583	30	0,0553	1	0,0018
240	0,4427	130	0,2398	20	0,0369	1/2	0,0009

32. Was drücken die Zahlen dieser Tabelle aus?

Sie geben auf vier Stellen genau den Hektarengehalt für alte Quadratruten an. So sind z. B. 5 alte □R. = 0,0092

Hektaren = 0 Hektar 0 Ar 92 □M.; 270 □R. sind 0,4981 Hektar = 49 Ar 81 □M. u. s. f.

33. Berechne durch Beihülfe dieser Tabelle, wie viel Hektares 4 Acker 187½ □Ruten ausmachen.

Es sind 4 Acker = 2,2137 Hektar
180 □R. = 0,3321 "
7 " = 0,0129 "
½ " = 0,0009 "
Sa. 2,5596 Hektar

oder 2 Hektar 55 Ar 96 □M.; oder 255 Ar 96 □M.; oder 25 596 □M.

34. Wie ist eine solche Hülfstafel für altes preußisches Maß?

Ebenfalls auf 4 Stellen genau genügt folgende:

□R.	Hektar	□R.	Hektar	□R.	Hektar	□R.	Hektar
5 Morgen	1,2766	140	0,1986	60	0,0851	7	0,0099
4 "	1,0213	130	0,1844	50	0,0709	6	0,0085
3 "	0,7660	120	0,1702	40	0,0567	5	0,0071
2 "	0,5106	110	0,1560	30	0,0426	4	0,0056
1 "	0,2553	100	0,1418	20	0,0284	3	0,0044
170 □R.	0,2411	90	0,1277	10	0,0142	2	0,0028
160	0,2270	80	0,1135	9	0,0128	1	0,0014
150	0,2128	70	0,0993	8	0,0113	½	0,0007

Soll z. B. mittels dieser Tabelle bestimmt werden, wie viel Hektar 7 Morgen 166 Quadratruten alt preußisches Feldmaß betragen, so ist:

5 Morgen — □R. = 1,2766 Hektar
2 " — " = 0,5106 "
— " 160 " = 0,2270 "
— " 6 " = 0,0085 "
7 Morgen 166 □R. = 2,0227 Hektar

oder 2 Hektar 2 Ar 27 □M.

35. Auf welche Weise wird die Größe eines Feldstückes gefunden?

Dadurch, daß man nach den Regeln der Feldmeßkunst die nötigen Linien nach vorgeschriebenem Maße mißt und sodann die Größe dieser Linien zur Berechnung des Inhaltes der Fläche benutzt.

36. Werden dabei die krummen Linien nach ihrer wahren Länge gemessen?

Nein! Ihre Länge hat keinerlei Wert für die Bestimmung des Flächeninhaltes, und nur in besonderen Fällen, wie bei Wegen, Gräben ɔc., ist ihre absolute Länge zu wissen nötig. Der Flächeninhalt und der Grundriß wird durchaus mittels gerader Linien und durch Winkel bestimmt.

37. Was wird unter einem Winkel verstanden?

Die gegenseitige Neigung zweier geraden Linien a b und a c, wobei diese Linien selbst die Schenkel, und der Berührungspunkt b der Scheitel des Winkels heißt.

38. Hängt die Größe eines Winkels von der Länge seiner Schenkel ab?

Nein! Seine Größe wird nur durch die größere oder geringere Neigung seiner Schenkel bestimmt und wenn man in Fig. 1 die Linie b c bis nach d verlängerte, so würde doch noch Winkel a b d gleich Winkel a b c sein.

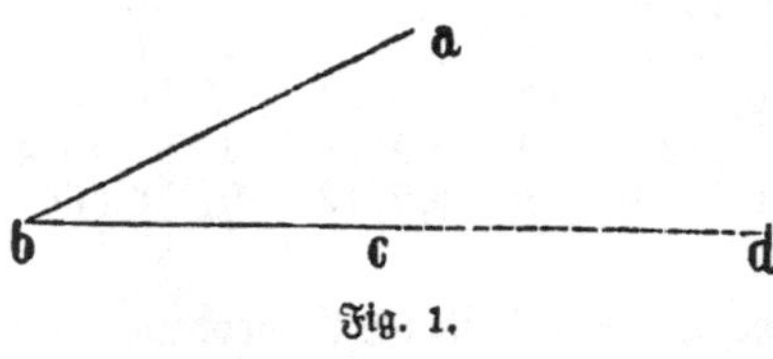

Fig. 1.

39. Welche Größenbestimmung eines Winkels genügt für das ökonomische Feldmessen?

Die Bestimmung nach rechten Winkeln, wie solche das Winkelmaß vieler Handwerker bildet. Werden zwei rechte Winkel a b c und c b d Fig. 2 mit einem Schenkel b c zusammengelegt, so bilden die beiden anderen Schenkel a b und b d eine gerade Linie a d, was eine Prüfung für die Richtigkeit eines solchen Winkels abgiebt. Ist ein Winkel kleiner, als ein rechter, wie abc Fig. 2, so heißt er spitz; ist er größer, wie dbe, so heißt er stumpf; beide aber werden gemeinschaftlich schief genannt. Beim Kettenmessen ist der rechte Winkel von besonderer Wichtigkeit. Der halbe rechte oder der von 45° findet auch häufig Anwendung, jedoch nicht in dem Maße, wie voriger. Bei Meßtischaufnahmen werden die schiefen Winkel durch Zeichnung bestimmt.

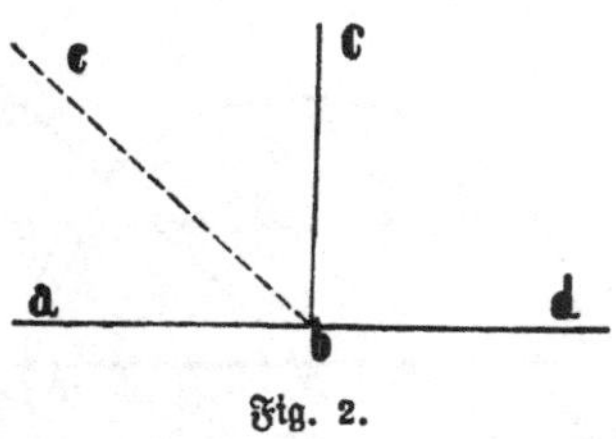

Fig. 2.

Übrigens sagt man, die Linie bc sei Perpendikel zu ad, oder sie stehe auf dieser senkrecht oder perpendikular.

40. Auf welche Weise wird die Größe eines Winkels genauer angegeben?

Durch seine Vergleichung mit den Bögen eines Kreises. Jede Kreislinie wird nämlich in 360 gleiche Teile (Grade = °) zerlegt und jeder dieser Teile wieder in 60 Teile (Minuten = '). Bringt man nun den Winkel, dessen Größe bestimmt werden soll, mit seinem Scheitel C Fig. 3 (S. 14) an den Mittelpunkt eines Kreises, so schneiden seine Schenkel CA, CB ein Stück der Kreislinie ab. So viel Grade nun dieses Stück enthält, so viel legt man auch dem Winkel bei.

41. Durch welche Hülfsmittel werden Winkel auf dem Papiere gemessen?

Für gewöhnliche Bedürfnisse hinlänglich genau geschieht das Messen, so wie auch das Zeichnen gegebener Winkel durch Hülfe des Transporteurs oder einer Sehnentafel.

42. Was wird unter einem Transporteur verstanden?

Der gewöhnliche in Reißzeugen vorkommende Transporteur ist ein in Grade, auch wohl in halbe und Viertelgrade eingeteilter Halbkreis. Wird dessen Mittelpunkt an den Scheitel des Winkels gelegt, so schneiden seine Schenkel eine bestimmte Anzahl Grade ab und diese bestimmen die Größe des Winkels.

43. Was heißt eine Sehne und was ist eine Sehnentafel?

Eine Sehne ist eine in einem Kreis gezogene gerade Linie, welche ein Stück der Kreislinie abschneidet. Die punktierte Linie a b Fig. 3 ist z. B. die Sehne des Kreisbogens a c b. Eine Sehnentafel ist die Zusammenstellung der für einen bestimmten Kreishalbmesser berechneten Sehnen.

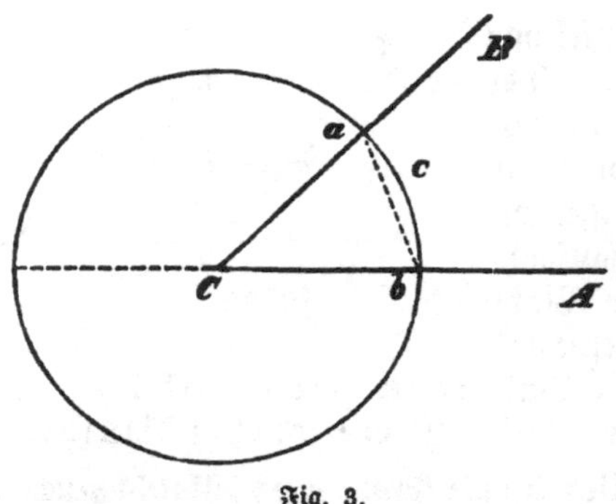

Fig. 3.

44. Wie ist eine solche Tafel für alle ganzen Grade von 1 bis 60?

Für den Kreishalbmesser, d. i. die Zirkelöffnung, mit welcher der Kreis beschrieben wurde, zu 1000 Teilen genommen ist sie, wie folgt:

Grad	Sehne	△	Grad	Sehne	△	Grad	Sehne	△	Grad	Sehne	△
1	17	18	16	278	17	31	535	17	46	782	17
2	35	17	17	296	18	32	551	16	47	798	16
3	52	17	18	313	17	33	568	17	48	814	16
4	70	18	19	330	17	34	585	17	49	829	15
5	87	17	20	347	17	35	601	16	50	845	16
6	105	18	21	365	18	36	618	17	51	861	16
7	122	17	22	382	17	37	635	17	52	877	16
8	140	18	23	399	17	38	651	16	53	892	15
9	157	17	24	416	17	39	668	17	54	908	16
10	174	17	25	433	17	40	684	16	55	924	16
11	192	18	26	450	17	41	700	16	56	939	15
12	209	17	27	497	17	42	717	17	57	954	15
13	226	17	28	484	17	43	733	16	58	970	16
14	244	18	29	401	17	44	749	16	59	985	15
15	261	17	30	518	17	45	765	16	60	1000	15

45. Wie ist vorstehende Tabelle zu verstehen?

Sie zeigt für den halben Kreisdurchmesser = 1000 die Längen der Sehnen einzelner Grade an. Es sind z. B. die Sehnen für 15 Grad = 261 d. i. $^{261}/_{1000}$ des Kreishalbmessers; für 46° = 782 und für 60° = 1000 oder = dem Halbmesser selbst.

46. Weshalb ist die Tabelle nur bis zu 60 Grad berechnet?

Weil nach vorstehendem die Sehnen für 60°, 120°, 180° u. s. f. unmittelbar durch den Halbmesser 1000 bestimmt sind, und größere Winkel sich in Teile zerlegen lassen, z. B. 87° in 60 + 27; 133 in 120 + 13 u. s. f.

47. Was zeigt die mit △ überschriebene Spalte voriger Tafel an und wozu dient sie?

Sie zeigt den Unterschied der Länge zweier Sehnen an und dient zur Berechnung solcher Sehnen, deren Bogen Bruchteile ganzer Grade enthalten.

48. Wie wird sich die Sehne von $43^3/_4$ Grad berechnen lassen?

Der Unterschied der Sehnen von 43 und 44 Grad beträgt 16, für $^3/_4$ Grad also 12.

Es ist mithin Sehne 43° = 733

$^3/_4$ △ = 12

Sehne $43^3/_4$° = 745.

49. Auf welche Weise wird die Größe eines Winkels durch Hülfe der Sehnentafel bestimmt?

Dadurch, daß man von einem beliebigen Maßstabe 1000 Teile in den Zirkel nimmt und damit vom Scheitel des Winkels aus einen Kreisbogen durch beide Winkelschenkel zieht. Nach demselben Maßstabe wird nun die Sehne gemessen und der dazu gehörende Winkel in der Tafel aufgesucht. Mäßen z. B. in Fig. 3 die Radien a c, b c = 1000 Maßeinheiten und wäre die Sehne a b = 635 solcher Einheiten, so mißt der Winkel a c b nach der Sehnentafel Fr. 44 = 37 Grad.

50. Wie kann ein in Graden gegebener Winkel gezeichnet werden?

Es sei ein Winkel von $43^3/_4$ Grad zu zeichnen, dessen Sehne nach Frage 48 = 745. Ziehe eine gerade Linie AC Fig. 3 und aus C mit der Zirkelöffnung 1000 einen Kreisbogen. Vom Punkte b trage 745 Teile als Sehne ba auf den Kreis und ziehe die Linie CB.

51. Wie ist zu verfahren, wenn ein Winkel von 86 Grad gezeichnet werden soll?

Zunächst sind 1000 Teile als Sehne von 60° aufzutragen und sodann von hier aus 450 Teile als zweite Sehne für den Winkel von 26°. Wollte man sofort 1000 + 450 oder 1450 Teile als Sehne auftragen, so würde ein viel zu großer Winkel erscheinen.

52. Welchen Vorzug hat die Sehnentafel vor dem gewöhnlichen Transporteur?

Den Vorzug größerer Schärfe. Weil nämlich ein hinreichend großer Maßstab gewählt werden kann, so ist es möglich, einen Winkel bis zu $^1/_{10}$ Grad genau aufzutragen, was durch den Transporteur nicht geschehen kann.

Erster Abschnitt.

Die Berechnung des Flächeninhaltes der Feldmeßfiguren.

---

53. Was wird unter einem Parallelogramm verstanden und wie viel Arten desselben giebt es?

Ein Parallelogramm ist eine vierseitige Figur, deren gegenüberliegende Seiten, z. B. a d, b c, oder a b, c d Fig. 4 S. 18 gleichlaufend oder parallel sind, wobei diese Seiten je zwei und zwei, so wie auch die gegenüberliegenden Winkel, z. B. b und e Fig. 5, gleiche Größen haben.

Vom Parallelogramm giebt es vier Arten, nämlich: a) das Quadrat Fig. 4 mit rechten Winkeln und gleichgroßen Seiten; b) die Rhombe Fig. 5 mit gleichen Seiten und schiefen Winkeln; c) das Rechteck Fig. 6 mit rechten Winkeln und paarweise gleichen Seiten, und d) die Rhomboide Fig. 7 mit schiefen Winkeln und paarweise gleichen Seiten.

54. Welche Linien müssen zur Berechnung eines Parallelogramms gemessen werden und wie wird das Maß am bequemsten ausgedrückt?

Es wird die eine Seite des Parallelogramms als Länge und der senkrechte Abstand dieser Seite von ihrer Parallele als Höhe der Figur gemessen. In Fig. 4 und 6 ist b c die Länge und die Seite a b unmittelbar die Breite; in Fig. 5

und 7 hingegen b c die Länge und a d die Breite. Das Maß dieser Linien wird nach Meter und, wenn große Schärfe verlangt wird, nach Decimeter angegeben und sofort nach Meter mit oder ohne Decimalen geschrieben. Die Meßkette hat an und für sich Glieder von 0,5 m Länge und sind kleinere Teile nach dem Augenmaße abzuschätzen; 23 m 5 dm werden hiernach kurz 23,5 und 67 m 3 dm = 67,3 geschrieben. Wenn Decimeter berücksichtigt werden, ist es notwendig, eine Null anzuschreiben, falls nur ganze Meter vorkommen (z. B. 8 m gleich 8,0), weil hierdurch Irrungen in Maß und Berechnung vorgebeugt wird.

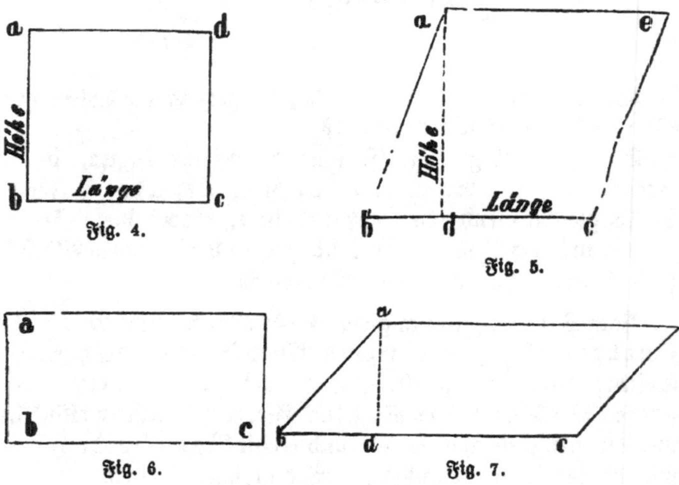

Fig. 4. Fig. 5. Fig. 6. Fig. 7.

55. Wie wird der Inhalt eines Parallelogramms berechnet?

Dadurch, daß man die in Meter ausgedrückte Länge und Höhe durch sich multipliziert. Das Produkt giebt sofort den Inhalt nach Quadratmeter an. Bei Berücksichtigung von Decimeter kommen im Produkte zwei Stellen als □dm. Es sei z. B. in einem Parallelogramm die Länge 87,5 und die Breite 71,5, so ist die Berechnung, wie folgt:

875 × 715
4375
875
6125
6256,25 □m = 62 Ar 56 □m

und so groß ist die gesuchte Fläche. Noch sei bemerkt, daß Meter allgemein = m, und Quadratmeter = □m geschrieben wird, während M (ℳ) Mark bedeutet.

56. Der Reihe nach seien die Längen und Höhen folgender Parallelogramme: Fig. 4 = 17,3 m; 17,3 m; Fig. 5 = 20,7 m; 16 m; Fig. 6 = 28,6 m; 19,9 m; Fig. 7 = 30,4 m; 21,2 m; wie berechnen sich die Inhalte dieser Figuren?

Die ausführliche Berechnung ist folgende:

Fig. 4) 173 × 173
519
1211
173
299,29 □m
= 2 Ar 99 □m

Fig. 5) 207 × 160
12420
207
331,20 □m
= 3 Ar 31 □m

Fig. 6) 286 × 199
2574
2574
286
569,14 □m
= 5 Ar 69m

Fig. 7) 304 × 242
608
304
608
644,48 □m
= 6 Ar 44 □m.

57. Ist bei der Fläche die Angabe der Quadratdecimeter nötig?

Nein! Sie ist durchaus unnötig. Nur ist nicht zu vergessen, daß in solchen Fällen, wo die erste Decimalstelle über 5 ist, die letzte Ziffer der Ganzen um Eins erhöht werden muß, d. h. halbe □m sind vollzunehmen, Teile unter 0,5 hingegen wegzulassen. Z. B. 2114,54 □m sind 2115 □m = 21 Ar 15 □m und 1737,23 □m sind 1737 □m = 17 Ar 37 □m.

58. Was wird unter einem Trapez (zuweilen auch Paralleltrapez genannt) verstanden?

Ein Viereck, in dem zwei Seiten gleichlaufend sind, wie z. B. in Fig. 8 und 9 a b zu c d, während die beiden anderen Seiten a c und b d nicht parallel sind. Es ist dies eine Figur, die vorzüglich in der Form Fig. 8, wo a b und c d senkrecht auf a d stehen, beim Kettenmessen sehr viel vorkommt.

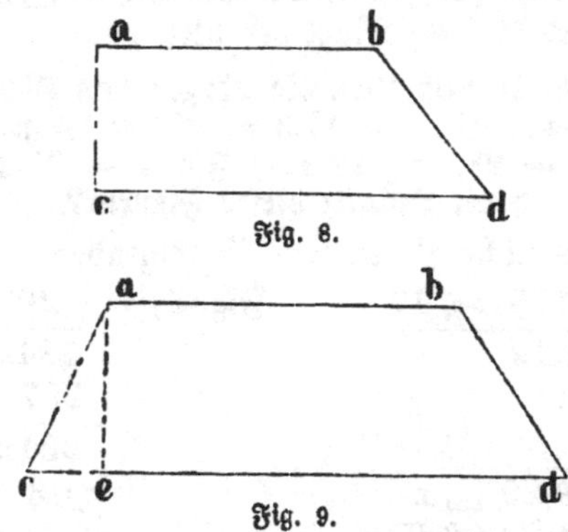

Fig. 8.

Fig. 9.

59. Wie wird die Fläche eines Trapezes berechnet?

Sie wird gefunden, wenn man beide Parallelen a b, c d, so wie deren senkrechten Abstand a c Fig. 8 und a e Fig. 9 nach Meter mißt, die Längen der Parallelen addiert, die Summe durch den senkrechten Abstand multipliziert und das Produkt halbiert. Mäßen z. B. die Parallelen 176 und 193 m und wäre ihr Abstand 46 m, so findet sich die Fläche des Trapezes, wie folgt:

1. Parallele = 176
2. „ = 193

Summe = 369 × 46 als Höhe

2214
1476

div. durch 2) 16974

8487 □m gesuchter Inhalt.

60. Angenommen, es mäßen in Fig. 8 1) ab = 14 m; cd = 17,4 m; ae = 11,9 m; 2) ab = 18,4 m; cd = 21,9 m; ae = 8,9 m; 3) ab = 21,4 m; cd = 23,4 m; ae = 7,8 m; 4) ab = 24 m; cd = 21,7 m; ae = 21,3 m. Wie berechnen sich die Flächen dieser Figuren?

Mit durchgängiger Annahme einer Decimalstelle ist die Berechnung:

1) ab = 140
cd = 174
314 × 119
2826
314
314
2) 37366
186,83 □m
= 1 Ar 87 □m

2) ab = 184
cd = 219
403 × 89
3627
3224
2) 35867
179,34 □m
= 1 Ar 79 □m

3) ab = 214
cd = 234
448 × 78
3584
3136
2) 34944
174,72 □m
= 1 Ar 75 □m

4) ab = 240
cd = 217
457 × 213
1371
457
914
2) 97341
486,71 □m
= 4 Ar 87 □m.

61. Angenommen, in Fig. 10 seien die Linien af, ce gleichlaufend und zwischen ihnen läge ein ebenfalls paralleler, jedoch krummliniger Ackerstreif abcd, so daß ac gleichlaufend mit bd und ab gleichgroß mit cd; auf welche Weise kann der Inhalt des Streifens leicht gefunden werden?

Dadurch, daß man den senkrechten Abstand fe zwischen den Parallelen af und ce durch die (schiefe) Breite ab des Streifens multipliziert. Wäre z. B. fe = 218 m und ab = cd = 24 m, so ist der Inhalt des Streifens abcd:

$$\begin{array}{r} 218 \times 24 \\ \hline 872 \\ 436 \\ \hline 5232 \end{array} \;\square\,\text{m.}$$

Diese Berechnungsweise ist jedoch nur untergeordneten Wertes, weil sie nur beim Kettenmessen und auch hier nur

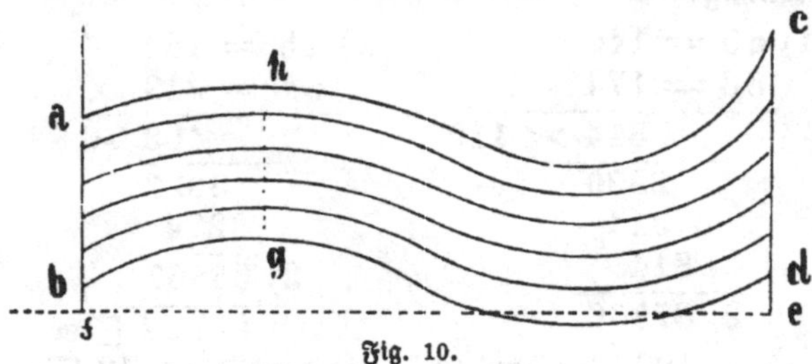

Fig. 10.

selten vorkommt. Dasselbe Resultat erhält man auch durch Multiplikation der Länge des krummen Raines a h c mit der senkrechten Breite g h des Ackerstreifens. Im Falle a b und c d nicht gleichgroß sind, addiert man ihre Längen, multipliziert durch f e, und halbiert das Produkt, wodurch sich der Inhalt ebenfalls genau findet.

62. Was wird unter einem Dreieck, so wie unter seiner Länge und Höhe verstanden?

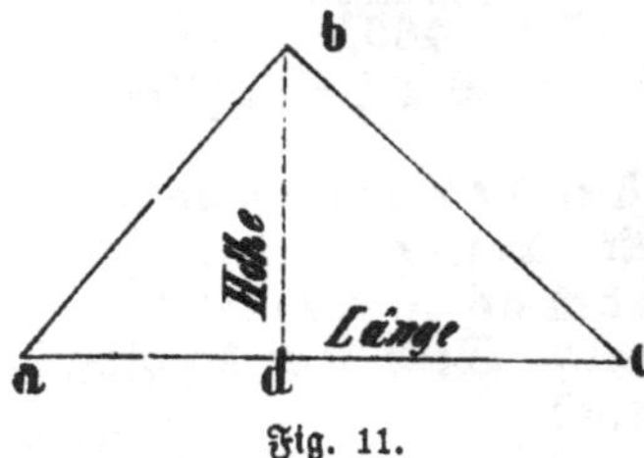

Fig. 11.

Ein Dreieck ist eine von drei geraden Linien eingeschlossene Fläche, a b c Fig. 11. Die begrenzenden Linien heißen die Seiten des Dreiecks, von denen eine jede als Länge angenommen werden kann, in welchem Falle sodann die von der gegenüberliegenden Winkelspitze auf sie gefällte Senkrechte die Höhe oder Breite der Figur genannt wird. In Fig. 11 ist a c die Länge und die auf sie Senkrechte b d die Höhe.

63. Wie wird die Fläche eines Dreiecks berechnet?

Sie wird gefunden, wenn man die Länge desselben mit seiner Höhe multipliziert und das Produkt halbiert. Wäre z. B. in Fig. 11 a c = 14,7 m und b d 9,9 m, so ist der Inhalt

```
      147 = 99
    ----------
    1323
   1323
  ---------
2) 14553
  ---------
   72,77 oder 73 □m.
```

64. Auf welche Weise läßt sich eine vielseitige Figur durch Hülfe des vorigen Satzes leicht berechnen?

Dadurch, daß man, wie Fig. 12 zeigt, je 2 und 2 der Ecken der Figur durch gerade Linien — Diagonalen genannt — verbindet, welche sich jedoch nicht durchschneiden dürfen. Die entstandenen Dreiecke werden nun einzeln berechnet und deren Inhalte addiert. Die Summe muß natürlich gleich dem Inhalte der ganzen Figur sein. Um hierbei die vielen Halbierungen zu sparen, werden die erhaltenen Produkte — doppelten Flächen — addiert und erst deren Summe halbiert.

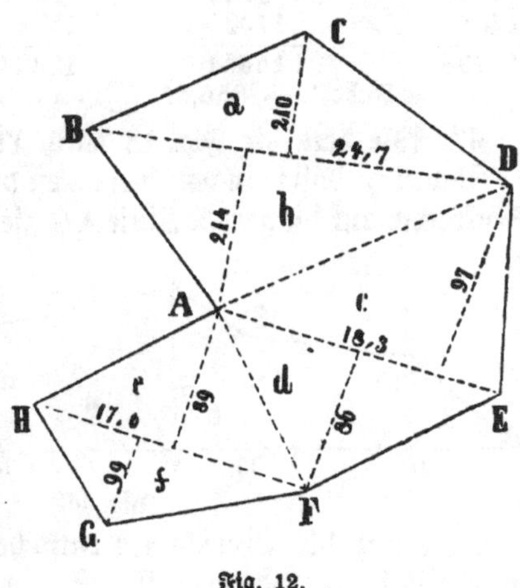

Fig. 12.

65. Wie ist die Einteilung der Figur 12 erfolgt und wie sind die beigeschriebenen Zahlen zu verstehen?

Die Diagonale B D schneidet das Dreieck B C D = a; die Diagonale A D das Dreieck A B D = b ab, u. s. f. Die an den Diagonalen stehenden Zahlen bezeichnen deren Länge;

die punktierten Linien sind die Höhen der Dreiecke und die beigeschriebenen Zahlen drücken deren Größe aus. Das Dreieck d = AEF z. B. ist hiernach 18,3 m lang und hat 8,6 m Höhe.

66. Wie ist die Berechnung der Fig. 12 auszuführen?

Die Berechnung erfolgt am besten nach folgendem Schema:

Berechnung	△	Produkt
a) 247 × 210 494 51870	a	51870
b) 247 × 214 988 247 494 52858	b	52858
c) 183 × 97 1281 1647 17751	c	17751
d) 183 × 86 1098 1464 15738	d	15738
e) 176 × 89 1584 1408 15664	e	15664
f) 176 × 99 1584 1584 div. b. 17424	f	17424
	Sa.	171305
	2 =	85653

Inhalt = 856,53 □m = 8 Ar 37 □m.

67. Wie kann die Fig. 13 durch Trapeze berechnet werden?

Dadurch, daß man von den Ecken der Grenze A, B, C.... G Senkrechte auf die gerade Linie AG zieht, wodurch die Trapeze

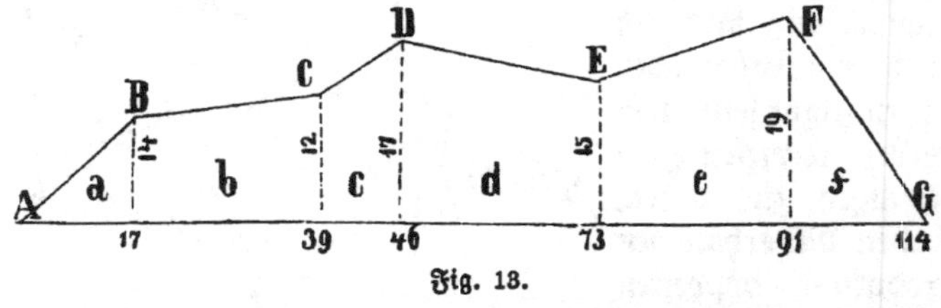

Fig. 13.

b, c, d, e und die Dreiecke a, f entstehen, deren Inhalte man einzeln sucht und addiert. Die Summe ist natürlich gleich dem Inhalte der ganzen Figur, und weil nach Nr. 59 und 63 beim Trapeze sowohl als beim Dreiecke anfänglich die doppelten Inhalte erscheinen, so ist es am bequemsten, wie in Fr. 66 sofort die Produkte zu addieren und erst deren Summe zu halbieren.

68. Wie sind die der Fig. 13 angeschriebenen Zahlen zu verstehen?

Daß die Senkrechte B = 14 m; die Senkrechte C = 12 m;

die Senkrechte D = 17 m lang ist ꝛc., springt nach dem vorhergehenden in die Augen. Anders ist es mit den Maßen auf A G. Beim wirklichen Messen bestimmt man nämlich nicht die Längen der Figuren a, b, c … f jede für sich, weil sich hierdurch die einzelnen unvermeidlichen Fehler summieren würden, sondern man mißt alle Weiten vom Punkte A ab, so daß also die Senkrechte B = 17; die Senkrechte C = 39; die Senkrechte E = 73 m vom Punkte A absteht. Nun wird z. B. das Trapez c durch die Senkrechten D und C begrenzt, seine Länge wird mithin gefunden, wenn man vom Abstande der Senkrechten D den der Senkrechten C abzieht. Ersterer ist nach der Figur = 46, der andere = 39, mithin ist das Trapez c = 46 — 39 oder 7 m lang. Hiernach finden sich leicht die Längen der übrigen Figuren. Sie sind nämlich fürs Dreieck f = 114 — 91 oder 23; fürs Trapez e = 91 — 73 oder 18; fürs Trapez d = 73 — 46 oder 27; fürs Trapez d = 39 — 17 oder 22 und fürs Dreieck a = 17 m.

69. Welches wird nach vorstehendem der Flächeninhalt der Fig. 13 sein?

Die Berechnung wird wie bei Frage 66 geordnet und ist die Ausführung folgende:

Berechnung	Figur	Produkt
a) 17 × 14 68 17 238	a	238
b) 14 12 26 × 22 52 (= 39 — 17) 52 572	b	572
c) 12 17 29 × 7 203	c	203
d) 17 15 32 × 27 224 (= 73 — 46) 64 864	d	864
e) 15 19 34 × 18 272 34 612	e	612
f) 19 × 23 57 38 437	f	437
	Sa.	2926
div. d.	2 =	1463

Inhalt = 1463 □m.

70. Sind die hier gegebenen Regeln zur Berechnung der Figuren zuverlässig und für unsern Zweck hinreichend?

Ja! Sie beruhen sämtlich auf mathematischen Grundsätzen und sind also völlig richtig. Weil jedoch der geübteste Rechner irren kann, so ist es unerläßlich, bei wirklichen Messungen jede Figur mindestens zweimal zu berechnen, um von der Richtigkeit überzeugt zu sein. Es giebt zwar außer den hier gegebenen Regeln noch mancherlei andere, die wir aber ohne Nachteil entbehren; nur hüte man sich vor den in manchen sogenannten Anweisungen zum Feldmessen gegebenen g ä n z l i c h f a l s c h e n Regeln, wie z. B. folgende ist: Um ein Trapez zu berechnen, addiere die gegenüberliegenden Seiten, halbiere deren Summen und multipliziere die hierdurch erhaltene mittle Länge und Breite. Die Seite b d des Trapezes Fig. 8 hat z. B. 49 m und würde die Fläche nach dieser falschen Regel weit größer gefunden werden, als wie sie eigentlich ist.

71. Gegeben ist der Inhalt und die Länge eines Parallelogramms; wie wird dessen Breite gefunden?

Weil Länge mal Breite gleich dem Inhalte ist, so findet sich umgekehrt die Breite, wenn man den Inhalt durch die Länge dividiert. Natürlich ist hierbei die Fläche nach Quadrat- und die Länge nach Längenmaß anzugeben. Wäre z. B. der Inhalt = 19 □m und die Länge 8,7 m, so ist die Breite 190 : 87 oder 2,18 m nahe.

72. Gegeben ist Inhalt und Grundlinie eines Dreiecks; wie ist dessen Höhe zu suchen?

Weil Länge mal Breite gleich der doppelten Fläche des Dreiecks, so giebt auch doppelte Fläche dividiert durch Grundlinie die Höhe. Hat z. B. das Dreieck bei 37,4 m Grundlinie eine Fläche von 500 □m, so ist die Höhe gleich 1000 : 37,4 oder 26,74 m nahe.

Zweiter Abschnitt.

Vorübungen mit Kette und Winkelspiegel.

73. Wozu dient die Meßkette und wie ist sie beschaffen?

Sie dient zum Messen der auf dem Felde abgesteckten Linien und ist aus Eisendraht von der Stärke einer Federspule gearbeitet. Die einzelnen Glieder b, b sind durch Ringe a, a

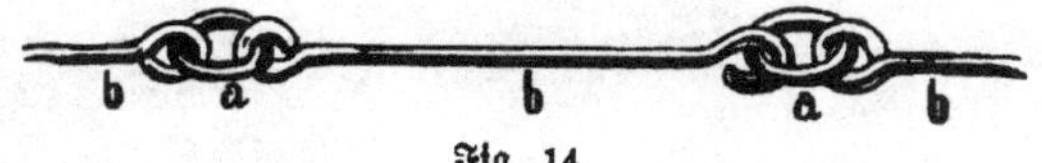

Fig. 14.

Fig. 14 verbunden, so daß ein Glied, vom Mittelpunkte beider Ringe gerechnet, genau $1/2$ m lang ist. Zwischen zehn solcher Glieder ist ein Kloben Fig. 16 eingefügt und an beiden Enden

Fig. 15. Fig. 16.

der Kette ist ein Ring Fig. 15 angebracht, um einen Kettenstab durchstecken zu können. Die ganze Kette hat eine Länge von 5 mal 5 oder 25 m und ist unmittelbar in 50 halbe Meter eingeteilt.

Zum bequemern Ablesen der Maße ist bei jedem fünften Gliede ein größerer Ring eingefügt.

74. Welche Stücke sind noch zum Gebrauch der Kette nötig?

Zunächst zwei ungefähr $1^1/_2$ m lange, 5 cm starke, unten mit Eisenschuhen (Fig. 17) versehene Stäbe (Baken) zum Anstecken der beiden Ringe am Ende der Kette. Sodann zehn Stück ungefähr 1 Kettenglied lange Stäbchen, die sogenannten Zähler, welche an einem Ende zugespitzt, am andern aber durchbohrt sind, um sie an zwei Drahtringe anzustecken. Weiter ein genau 5 halbe Meter langer, durch eingeschlagene Zwecken in Fuße geteilter Stab — das Abschlagmaß — zum Messen kleiner Linien und endlich mehrere bis 4 m lange, mit rot und weißen Fähnchen versehene und zum bessern Erkennen streifenweise rot und weiß angestrichene Stäbe, Meßfähnchen.

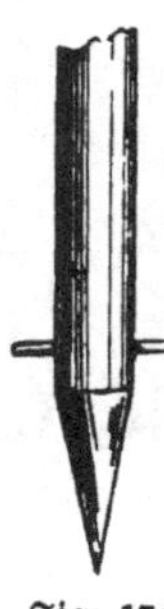

Fig. 17.

Außer der Meßkette dienen noch Meßschnüre und Meßbänder von 20—25 m Länge zum Linienmessen. Meßbänder von Stahl sind in Preußen gesetzlich vorgeschrieben.

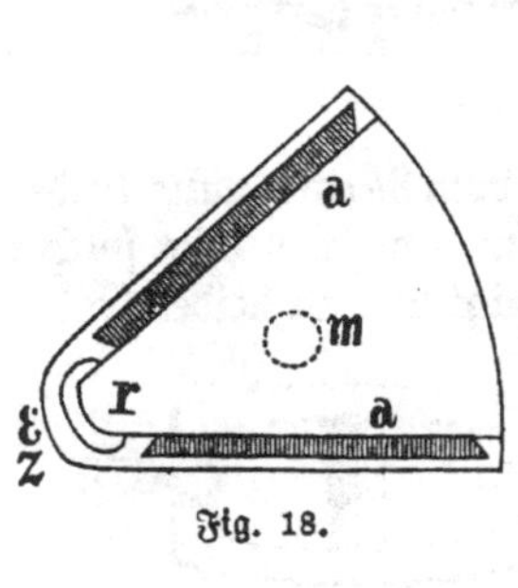

Fig. 18.

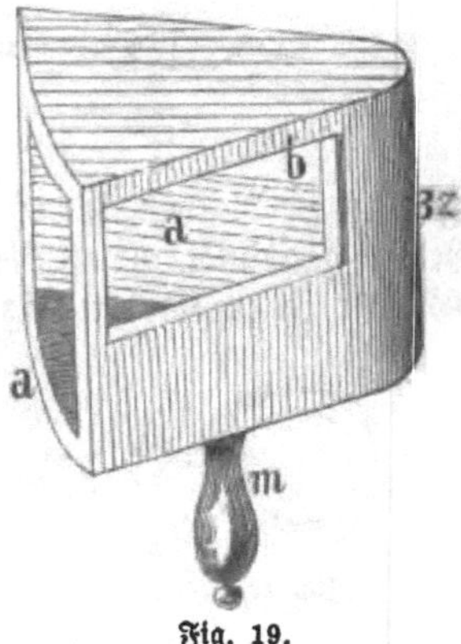

Fig. 19.

75. Wie ist der Winkelspiegel beschaffen und wozu dient er?

Der Winkelspiegel wird zum Abstecken rechter Winkel auf dem Felde gebraucht und seine bequemste Form ist folgende, Fig. 18 im Grundrisse und Fig. 19 der ganzen Ansicht nach, dargestellte. Zwei kleine ebene Spiegel von etwa 4 cm Länge und 3 cm Breite sind so in einem messingenen Gestelle angebracht, daß ihre Spiegelflächen nach innen sehen und genau unter einem halben rechten Winkel gegen einander geneigt sind. Um diese Stellung machen und korrigieren zu können, sind beide Spiegel in eine Feder r eingeschoben, welche mittels der Schraube z angezogen oder nachgelassen werden kann. Das Gestell besteht aus zwei Boden- und zwei Seitenplatten, wovon letztere unten die Spiegel halten und oben bei b durchbrochen sind. In die untere Bodenplatte ist ein Handgriff m eingeschraubt. Beim Messen wird der Winkelspiegel mittels eines Bandes um den Hals gehängt, um ihn jeden Augenblick ergreifen und nach dem Gebrauche wieder fallen lassen zu können.

76. Wie ist das einfache Winkelkreuz beschaffen?

Es besteht, wie Fig. 20 zeigt, aus zwei ungefähr 20 cm langen, rechtwinklig zusammengefügten Linealen. In genau rechten Winkeln und in ganz gleichem Abstande von der Mitte des Kreuzes sind feine Stifte eingesetzt. Das Kreuz selbst ist auf einem ungefähr 1½ m langen Stabe befestigt, welcher am untern Ende einen eisernen Schuh hat, um ihn in den Boden stoßen zu können. Unmittelbar kann auch eine Kettenbake dazu benutzt werden, besser jedoch ist ein ganz leichtes Stativ, weil man dieses auf dem härtesten Boden aufstellen kann.

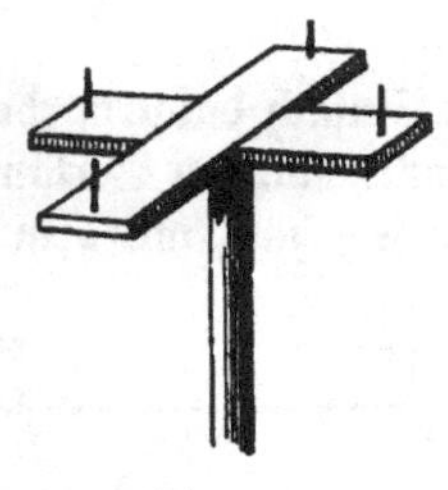

Fig. 20.

77. Welche Winkel lassen sich durch dieses Werkzeug bestimmen?

Rechte und halbrechte Winkel. Der Grundriß Fig. 21 zeigt dies ganz deutlich. Die Linien a c, b d stehen senkrecht auf einander, ebenso ist a d c ein rechter Winkel. Sieht man aber von d nach b und c oder nach b und a, so schließen diese Linien halbrechte Winkel b d c, b d a ein.

78. Welches dieser Werkzeuge hat den Vorzug?

Beide haben Vorzüge und Mängel. Der Winkelspiegel giebt schärfere Winkel und ist bequemer, zeigt aber nur rechte Winkel an. Das Winkelkreuz giebt auch Winkel von 45 Grad und ist einfach herzustellen, es gewährt jedoch weniger Schärfe und ist im Gebrauch unbequemer.

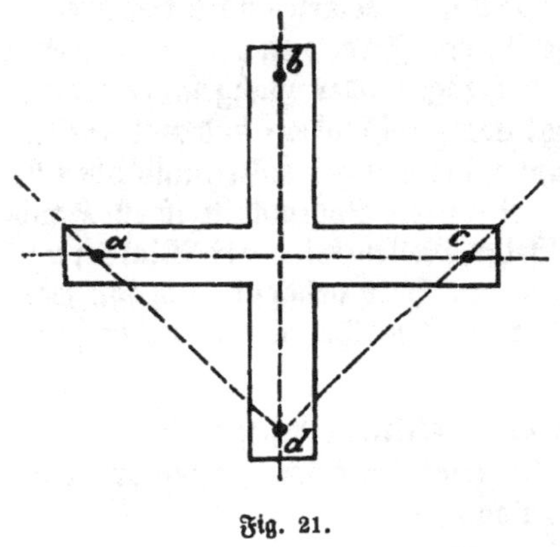

Fig. 21.

79. Gesetzt, die Linie a b Fig. 22 sei durch zwei Fahnen abgesteckt und solle nach x hin verlängert werden, wie ist dies zu vollziehen?

Einfach dadurch, daß man eine dritte Fahne in die Hand nimmt, nach der Verlängerung in c hingeht, die Fahne senkrecht vor sich hält, mit dem Auge dicht an dessen Seite nach b und a

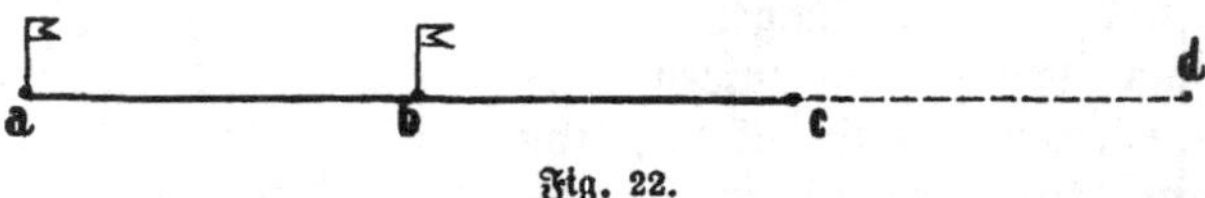

Fig. 22.

hinsieht (visiert) und seinen Standpunkt so lange ändert, bis alle drei Fahnen sich decken, d. h. bis sie nur eine einzige auszumachen scheinen; ein Verfahren, welches sehr schnell vor sich geht.

80. Die Punkte a und c Fig. 22 sind gegeben und es soll ein Zwischenpunkt b gesucht werden; wie wird dies vollzogen?

Man begiebt sich auf einen der Endpunkte a oder c, läßt einen Gehülfen mit einer Meßfahne in die Gegend von b gehen und visiert hier seine Fahne, mit der Hand Zeichen rechts oder links gebend, ein.

81. Gegeben sind die Endpunkte a, b einer geraden Linie Fig. 23, man kann aber wegen eines dazwischen liegenden Berges weder von a nach b noch von b nach a sehen. Auf welche Weise sind zwei Zwischenpunkte f, g abzustecken?

Man begiebt sich mit einem Meßgehülfen ungefähr in die Richtung der gegebenen Linie, vielleicht nach c und h. Von c

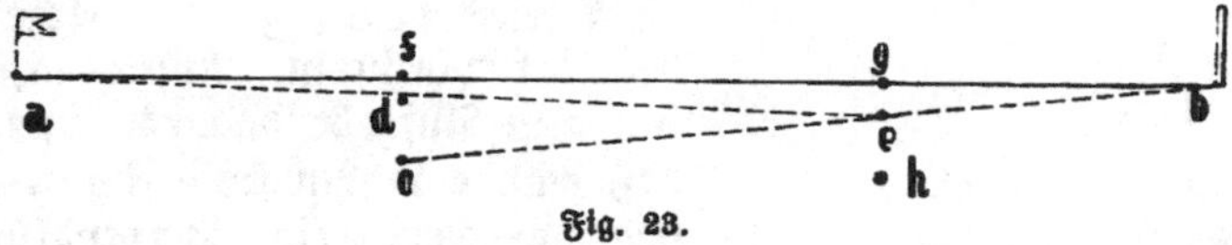

Fig. 23.

winkt man den Gehülfen in die Linie cb nach e, läßt sich sodann vom Gehülfen aus e in die Linie ea nach d einvisieren und fährt abwechselnd so fort, bis von beiden Endpunkten Deckung erfolgt, d. h. bis gfa und fgb in gerader Linie liegen. Weil nun afgb auch gerade ist, so sind f und g die gesuchten Punkte. Ist diese Aufgabe ohne Gehülfen auszuführen, so lege man in c die Meßfahne in die Richtung ce, trete sodann ans andere Ende der Fahne und richte sie nach ed. Wird abwechselnd auf diese Weise fortgefahren, so kommt man bald in die Linie ab.

82. Wie kann ein rechter Winkel ohne weitere Werkzeuge abgesteckt werden?

Bei kurzen Perpendikeln kann dies leicht nach dem Augenmaße geschehen. Um dieses zu üben, lege man eine Meßstange ab Fig. 24 in die Linie, auf welche die Senkrechte fallen soll, trete in die Mitte dieser Stange und lege eine andere Meßstange cd so auf die Erde, daß die Winkel acd, bcd gleichgroß erscheinen.

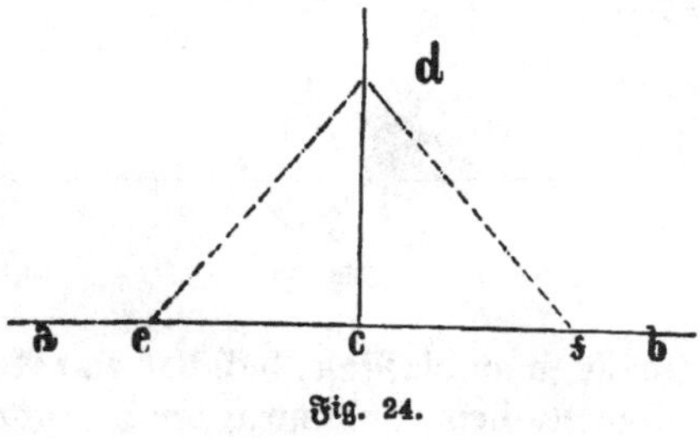

Fig. 24.

83. Wie geschieht dies mit der Meßkette oder einer Schnur?

Dadurch, daß man darin drei Teile, die sich wie 3, 4 und 5 verhalten, abmißt. Bei der Kette kann man 12, 16 und 20 halbe Meter oder Glieder nehmen. Bringt man nun die äußersten Punkte dieser Einteilung zusammen und spannt die zwischenliegenden Teile an ihren Teilpunkten aus, so entsteht ein Dreieck a b c Fig. 25, welches bei a rechtwinklig ist. Anders läßt sich diese Aufgabe dadurch lösen, daß man vom Punkte c Fig. 24, von welchem ein Perpendikel errichtet werden soll, auf der Linie a b nach beiden Seiten die beliebigen aber gleichgroßen Teile c e, c f absteckt — vielleicht jeden eine Kette —, die Enden der Kette oder der Schnur an die Punkte e, f befestigt und sodann Kette oder Schnur in ihrer Mitte seitwärts anspannt, wodurch sich der Punkt d ergiebt, welcher senkrecht über a b auf c steht.

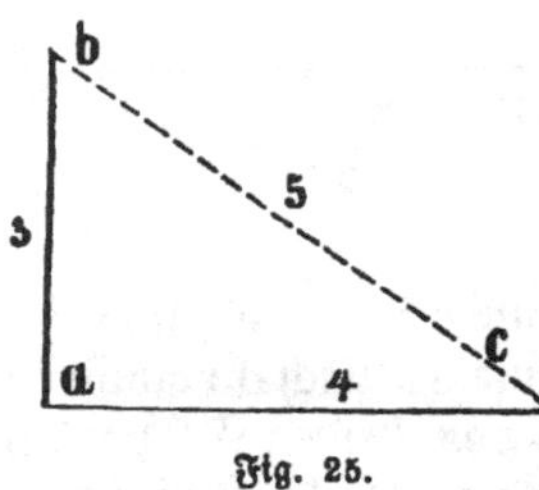

Fig. 25.

84. Wie wird ein rechter Winkel mittels des Winkelspiegels bestimmt?

Es sei a c Fig. 26 eine gegebene Linie, d ein Punkt seitwärts derselben und es werde der Fußpunkt b des Perpendikels b d gesucht. Man stelle sich auf die Linie a c, das Gesicht nach c gewendet, halte den Spiegel senkrecht mit nach unten gekehrtem Griffe so an die Nase, daß das eine Auge e in die Öffnung des Spiegels sieht, und durch den Ausschnitt in demselben die in c

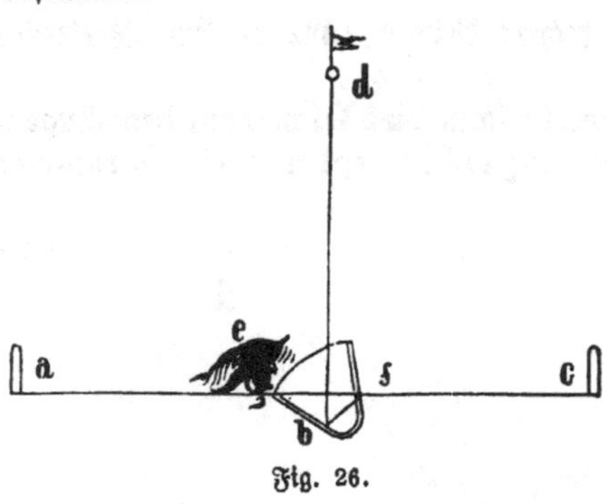

Fig. 26.

steckende Bake erblickt. Geht man nun längs der Linie nach c zu, so wird, sobald man sich dem Punkte b nähert, das Bild der Bake d im Spiegel b erscheinen und von diesem auf den Spiegel f geworfen, wo es das Auge gleichzeitig mit der Bake c sieht. Sobald nun dieses Spiegelbild mit der Bake c zusammenfällt, so daß beide eine einzige Bake zu bilden scheinen, steht man auf dem gesuchten Fußpunkt b. Sollte umgekehrt der Punkt d bestimmt werden, so stelle man sich ganz auf vorige Weise in b auf, schicke einen Gehülfen in die Gegend, wohin d dem Augenmaße nach fallen muß, und lasse ihn so lange rechts oder links rücken, bis Spiegelbild und Bake zusammenfallen. Beide Übungen sind sehr einfach und gehen schnell von statten, falls man sich die nötige Gewandtheit erworben hat.

85. Wie werden mittels des Winkelkreuzes ganze und halbe rechte Winkel auf dem Felde bestimmt?

In Fig. 27 sei AB die gegebene Linie und C ein außer ihr liegender Punkt. Geht man mit dem Winkelkreuze in dieser Linie fort, bis an den Punkt a, so wird die eine Sehlinie (ac Fig. 21) in die Linie AB fallen, die andere (db) aber den Punkt C decken. Der Winkel AaC ist also ein rechter und Ca steht senkrecht auf AB.

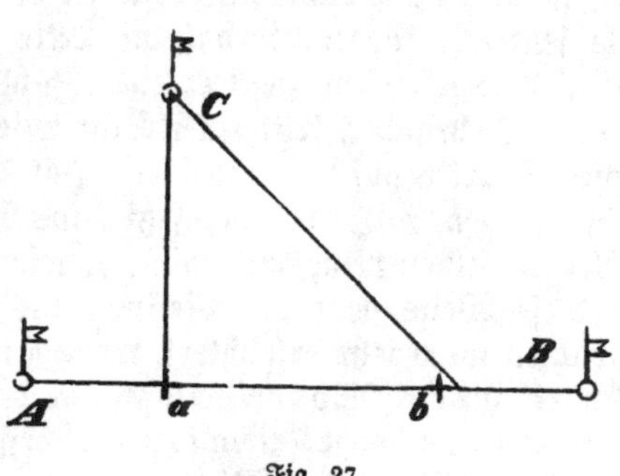

Fig. 27.

Geht man aber bis zum Punkte b Fig. 27 und visiert in der Richtung adb oder bdc Fig. 21, so ist auch Cba Fig. 27 ein halber rechter Winkel.

86. Welchen Zweck hat die Bestimmung des Winkels von 45 Grad?

Das Dreieck C a b Fig. 27 ist gleichschenklig, die Linien C a und a b sind deshalb gleich lang und deshalb läßt sich die Weite C a unmittelbar auf der Linie A B messen.

87. Wie wird eine Linie mit der Kette gemessen?

Nachdem die zu messende Linie an beiden Enden durch Baken markiert ist, wird die Kette ausgebreitet und dabei nachgesehen, daß kein Glied mit seinem Ringe verschlungen ist. Hierauf steckt jeder der beiden Kettenzieher einen Endring der Kette an seine Bake, der vordere A nimmt sämtliche 10 Zähler zu sich und geht in die Richtung der Linie. Sobald der hintere Kettenzieher B seine Kettenbake in den einen Endpunkt der Linie eingesetzt hat, visiert er A durch Winken mit der Hand in die Linie, wobei letzterer die Bake leicht senkrecht seitwärts hält. Sobald die Richtung erhalten, macht A mit der Bake einen Stich in den Boden, faßt diese mit beiden Händen, so daß die Kette sich zwischen Mittel- und Zeigefinger der rechten Hand befindet, hält die Bake horizontal vor sich, wuchtet die Kette gerade, ohne dabei an derselben zu zerren, und setzt die Bake senkrecht nieder, so daß die Kette straff angezogen ist. Sobald dies geschehen, steckt er einen Zähler in den Punkt, wo sich die Bake befindet, tritt einen Schritt seitwärts und geht in raschem Schritte auf der Linie fort. Hat B den Zähler erreicht, so ruft er dem A Halt! zu, setzt seine Bake ein, hängt den Zähler an seinen Ring und winkt A wie vorhin in die Linie. Auf diese Weise geht die Messung bis zuende fort. Das Einrichten wird sehr erleichtert, wenn A über die Bake des B rückwärts visiert. So viel nun zuende der Messung B Zähler hat, so viel sind ganze Kettenlängen gemessen worden; die darüberfallenden Meter und Glieder werden an der Kette abgelesen.

88. Welche Vorsicht ist beim Wechseln der Zähler unerläßlich?

Zunächst ist streng Obacht zu geben, daß kein Kettenzieher einen Zähler verliert, was man leicht dadurch prüfen kann, daß beide zusammen 10 Zähler haben müssen. Am leichtesten kann aber ein Fehler von einer ganzen Kettenlänge vorfallen, wenn die Linie über 10 Ketten lang ist. Sobald in diesem Falle A sämtliche Zähler eingesteckt hat, geht er noch eine Kettenlänge vor und steckt seine Bake in den Boden. B macht dasselbe, nimmt alle 10 Zähler und wechselt solche mit A, wozu beide sich bis zur Mitte der Kette entgegen gehen. Sobald ein Zähler verloren worden ist, muß die Linie von neuem gemessen werden.

89. Wie kann die Fig. 28 durch Kette und Winkelspiegel oder Winkelkreuz aufgenommen werden?

Zunächst muß man sich mit einer einfachen Pappmappe in groß Quartformat versehen, welche man im Innern durch Siegellack mit einem Blatte weißen Papiers bespannt. Hierauf begiebt man sich mit den Gehülfen und dem Apparat auf die Flur, zeichnet die Figur nach dem Augenmaße in etwas großem Maßstabe aus freier Hand auf das Papier — man brouilloniert oder croquiert sie —, wobei man nötigenfalls kleine

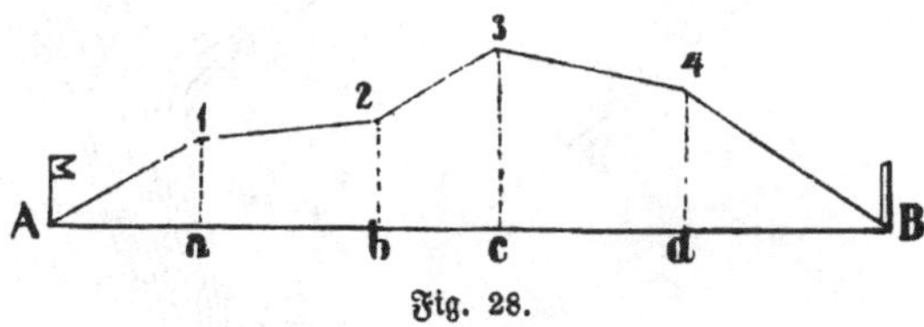

Fig. 28.

numerierte Pfählchen an die Endpunkte 1, 2, 3, 4 steckt, und markiert die Linie A B durch Meßfahnen. Hierauf beginnt die Messung dieser Linie nach Fr. 87 von A aus. Sobald nun die Kette so liegt, daß dem Augenmaße nach der Fußpunkt a des Perpendikels a 1 auf sie fällt, läßt man einen Gehülfen mit dem $2^1/_2$ Metermaße (Stichmaße) nach 1 gehen, bestimmt durch Spiegel oder Kreuz den Fußpunkt a genau, läßt den Gehülfen die Linie 1 a messen und notiert die Maße A a, 1 a im Croquis.

90. Wie werden bei voriger Aufgabe die Maße aufgeschrieben?

Ganz wie Fig. 13 zeigt. Die Berechnung und die Zeichnung der Figur kann hiernach mit Leichtigkeit vollzogen werden.

Vorzügliche Aufmerksamkeit ist beim Croquieren auf nicht zu gedrängte, recht deutliche Zeichnung und auf kleine korrekte Ziffern zu richten.

91. In Fig. 29 ist ein, teilweise von einem Flüßchen begrenztes, Wiesenstück A B C angegeben. Wie kann es mit Kette und Winkelspiegel oder Winkelkreuz vermessen werden?

Dadurch, daß man als Grundlage das Dreieck A B C an den Endpunkten durch Meßfahnen markiert und die Figur brouilloniert. Beim Messen der Seite A C bestimmt man

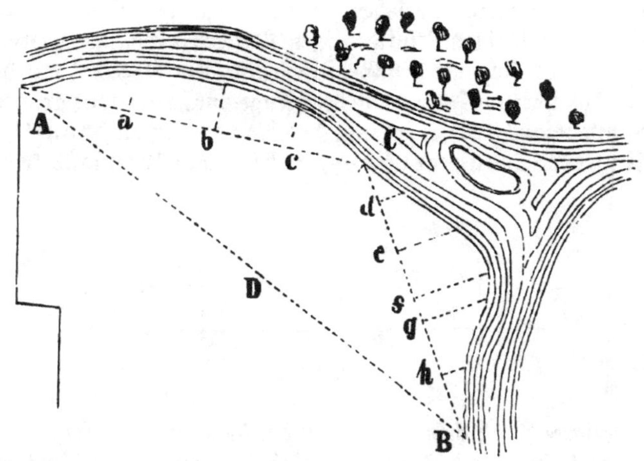

Fig. 29.

nach Frage 89 die Perpendikel a bis c; beim Messen von C B die Perpendikel d bis h, und beim Messen von A B das Perpendikel C D. Die Berechnung erfolgt nun ganz wie vorhin. Weil die Bachgrenze jedoch nicht verraint ist, so muß man die Krümmungen vor der Messung mit numerierten Pfählen bezeichnen und dabei Rücksicht darauf nehmen, daß jedes zwischen zwei Pfählen liegende Grenzstück für eine gerade Linie gelten kann.

92. Die Entfernung AB Fig. 30 soll bestimmt werden, läßt sich aber wegen des zwischenliegenden Teiches nicht unmittelbar messen. Auf welche Weise kann man zum Ziele gelangen?

Man nimmt seitwärts einen Punkt C so an, daß man von ihm nach A und B sehen und messen kann. Nun verlängert man die Linie AC rückwärts nach E, so daß CE gleich AC, ebenso auch BC nach D, so daß CD = BC. Nun wird DE gemessen und diese Linie ist genau so groß, wie AB. Sollte

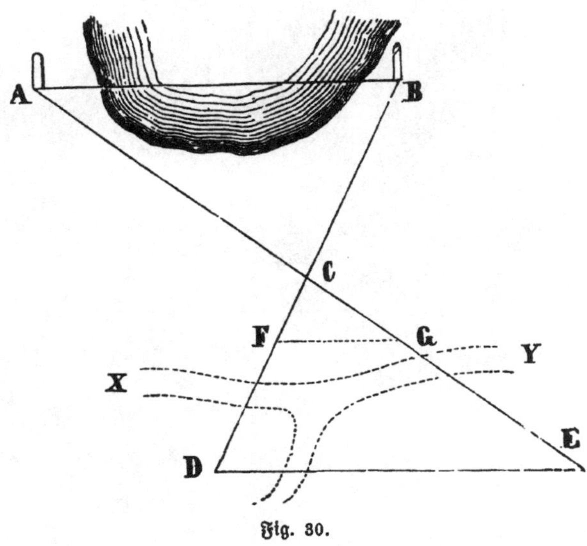

Fig. 30.

hinter C sich ein Hindernis, z. B. der punktierte Fluß xy, befinden und die Lösung auf obige Weise nicht möglich sein, so ist auf folgende Art zu verfahren: Man mißt AC und trägt einen gewissen Teil des Maßes, z. B. die Hälfte, ein Drittel ꝛc., jenachdem es der Platz erlaubt, von C nach G. Eben diesen Teil von BC trägt man von C nach F und mißt nun FG. Diese Linie bildet nun eben den Teil von AB, wie CG von AC und CF von BC. Wäre z. B. CG = $^3/_4$ AC;

CF = ¾ BC, so wird auch FG = ¾ AB sein, d. i. wenn FG = 117 m gemessen wäre, betrüge AB = $^4/_3 \times 117$ = $4 \times 39 = 156$ m.

93. Die Entfernungen AB, AH Fig. 31 sollen bestimmt werden, es ist jedoch nur der Punkt A zugänglich. Wie ist die Lösung möglich?

Auf AB errichte man in A eine Senkrechte Ax, trage auf sie die beliebigen, aber gleichgroßen Teile AC = CD und

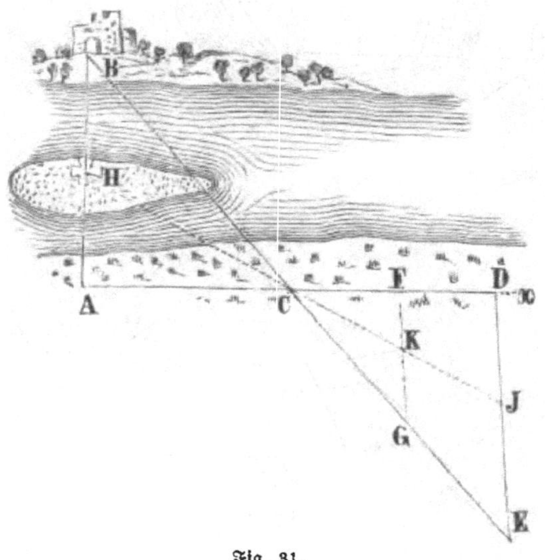

Fig. 31.

errichte in D auf AD die Senkrechte DE. Auf letzterer Linie bestimme man durch Rückvisieren über C mittels der Sehlinien BCE, HCI die Punkte E und I, so wird DE gleich AB und DI gleich AH, mithin auch EI = BH sein. Würde CF vielleicht gleich ½ AC genommen und ganz wie vorhin verfahren, so ergäbe sich auch FG = ½ AB; FK = ½ AH und GK = ½ BH, wie in Frage 92.

94. Wie läßt sich diese Aufgabe durch Hülfe des Winkelkreuzes lösen?

In der Verlängerung BH nimm einen Punkt A und errichte auf BA die Senkrechte AY. Auf dieser Linie bestimme die halben Rechten a, b, so ist AC = AB; AI = AH und IC = BH.

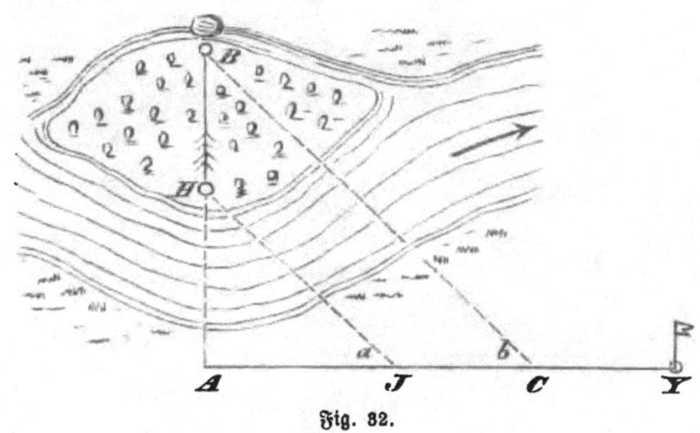

Fig. 32.

95. Die ganz unzugängliche Linie AB Fig. 33 soll diesseit des Flusses xy gemessen werden; wie ist dies möglich?

Diesseit des Flusses nimmt man beliebig, jedoch in möglichst passender Lage, die Linie Or an, fällt auf sie von A und B die Senkrechten AD, BE und verlängert diese rückwärts. Die Linie DE wird nun in C halbiert und durch Rückvisieren AC nach G und BC nach F verlängert, so ist FG = AB; EG = AD und DF = BE. Die letzteren Linien lassen sich nun mit Leichtigkeit diesseit des Flusses messen.

96. Wie kann eine Figur durch Perpendikel auf nur zwei Linien gemessen werden?

abcde Fig. 34 sei die zu messende Figur. Nachdem ihre Endpunkte durch Baken markiert sind, wählt man zwei senkrecht auf einander stehende Linien AB, AC zur Messung. Beim Messen von AB bemerkt man die Fußpunkte d', e', a', c', b' der von den Endpunkten der Figur auf sie fallenden

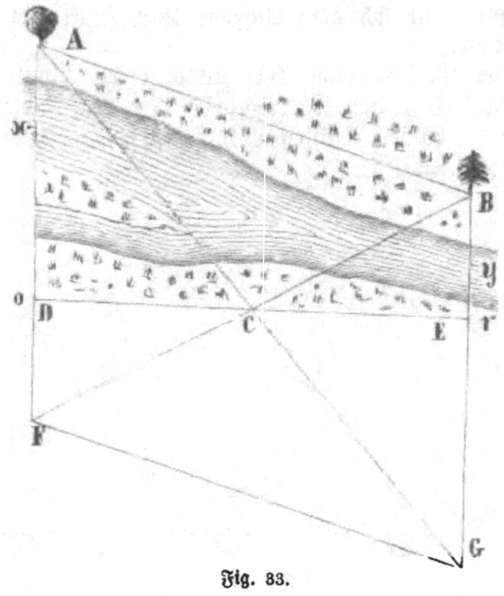

Fig. 33.

Perpendikel und verrichtet dasselbe auf AE durch die Punkte a, e, b, d, c. Nun ist Aa' = aa; Ab' = bb; Ac' = cc ꝛc., so wie Aa = aa'; Ae = ee' u. s. f. Durch Messung der zwei Linien Ab', Ac mit den Zwischenentfernungen Ad', Ae' ... Aa ꝛc. ist also die Aufgabe gelöst.

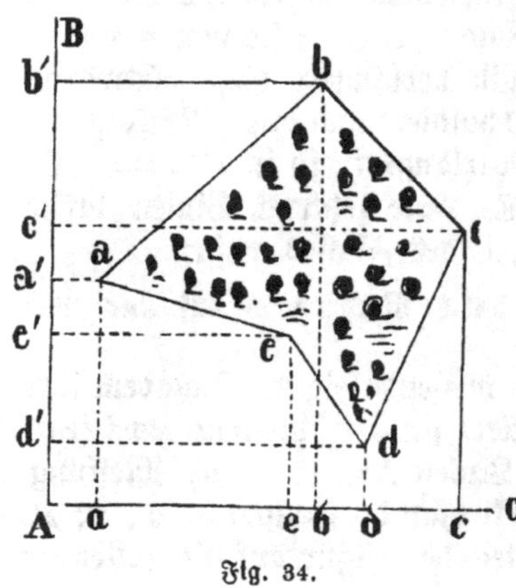

Fig. 34.

97. Wie kann der Flächeninhalt der Figur 34 aus den vorstehenden Maßen berechnet werden?

Wenn man von der Figur aabcc die Figur aaedcc abzieht, so bleibt die Figur a b c d e übrig, wie dies der Augenschein lehrt. Die erstere dieser Figuren besteht aber aus den Trapezen 𝔞 a d 𝔟 und 𝔟 b c 𝔠 und die andere aus den Trapezen 𝔞 a e 𝔢, 𝔢 e d 𝔡 und 𝔡 d c 𝔠. Diese Trapeze lassen sich aber aus den auf A B, A C gefundenen Maßen leicht berechnen und dadurch die Aufgabe lösen.

98. Wie würde die Berechnung für einen in Zahlen gegebenen Fall stehen?

Angenommen, man habe gemessen A b' = 117; A c' = 104; A a' = 82; A e' = 54; A d' = 23 und A 𝔞 = 4; A 𝔢 = 17; A 𝔟 = 29; A 𝔡 = 66; A 𝔠 = 91, so ist die Rechnung, wie folgt:

1) Trapez 𝔞 a b 𝔟.	2) Trapez 𝔟 b c 𝔠.	
𝔞 a = A a' = 82	𝔟 b = 117	1 = 4975
𝔟 b = A b' = 117	𝔠 c = A c' = 104	2 = 13702
199	221	Sa. = 18677
a 𝔟 = (29—4) — 25	𝔟 𝔠 = 62	
995	442	
398	1326	
Inhalt 4975	Inhalt 13702	

3) Trap. 𝔠 c d 𝔡.	4) Trap. 𝔡 d e 𝔢.	5) Trap. 𝔢 e a 𝔞.
𝔠 c = A c' = 104	𝔡 d = 23	𝔢 e = 54
𝔡 d = A d' = 23	𝔢 e = A e' = 54	𝔞 a = 82
127	77	136
× 𝔠 𝔡 = 25	× 𝔡 𝔢 = 49	× 𝔞 𝔢 = 13
635	693	408
254	308	136
Inh. 3175	Inh. 3773	Inh. 1768

Trap. 3 = 3175	Von 1,2 = 18677
„ 4 = 3773	ab 3 bis 5 = 8716
„ 5 = 1768	bleibt = 9961
Sa. 8716	halbiert = 4981 □m

Der Inhalt der Figur a b c d e beträgt also 49 Ar 81 □m.

99. Wie kann bei sehr geneigtem Boden die horizontale Länge durch Hülfe der Kette gefunden werden?

Durch die sogenannte Staffelmessung. A B Fig. 35 sei z. B. die sehr abhängige Linie und B C ihre horizontale Länge. Der vordere Kettenzieher muß bei b die Kette bis a heben, bei d bis c, so daß sie überall horizontal liegt. Die einzelnen

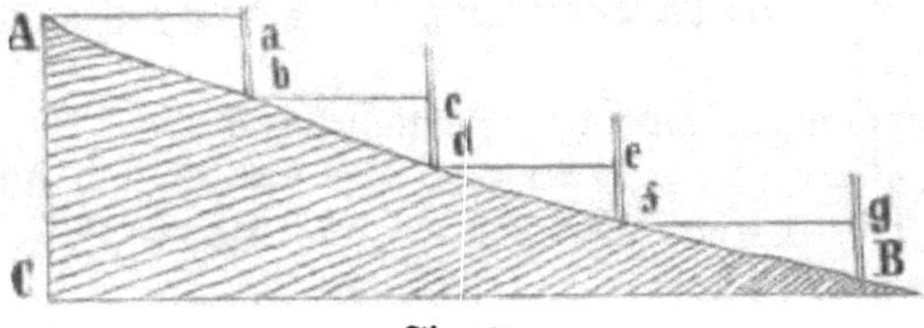

Fig. 35.

Längen A a, b c, d e, f g geben zusammen die gesuchte Horizontale A B. Bei Ausführung dieser sehr umständlichen Messung kann man jedoch selten die ganze Meßkette gebrauchen, auch muß der vordere Kettenzieher mit allem Fleiße auf recht vertikale Stellung seiner Bake sehen. Die unmittelbare Messung sehr geneigter Linien ist übrigens zu vermeiden, wo es nur möglich.

Dritter Abschnitt.

Aufnahme ganzer Feldparzellen durch Kette und Winkelspiegel.

---

100. Was ist im allgemeinen vor Beginn der Aufnahme zu thun?

Vor allen Dingen ist notwendig, das zu vermessende Stück zu umgehen, die Grenzsteine aufzusuchen und nötigenfalls zu berichtigen, da, wo es erforderlich, zu verpfählen und ein deutliches Brouillon zu fertigen. Hierauf überlege man ganz ruhig, auf welche Weise bei der Vermessung selbst am vorteilhaftesten verfahren werden kann, weil durch eine Viertelstunde Überlegung oftmals mehrere Stunden nutzlose Arbeit erspart werden. Sodann stecke man die Hülfslinien durch oben mit einem kleinen Strohwische oder einem Fähnchen versehene Stangen ab; wobei vorzüglich darauf zu sehen ist, daß man möglichst wenig Linien gebraucht, so wie daß sie so liegen, daß bei Bachgrenzen, Wegen und anderen sehr krummen Rainlinien die Perpendikel möglichst kurz ausfallen.

101. Wie wird die Feldparzelle Fig. 36 am bequemsten vermessen?

Zunächst bestimmt man die Netzpunkte A, B, C, D und markiert sie durch Stangen. Diese Punkte sind hier zugleich Eckpunkte der Figur, die Grenzen A B, A D sind geradlinig und man hat also nur zu messen nötig: 1) die Diagonale

AC mit den Perpendikeln BE, DF; 2) die Seiten BC und CD nebst den darauf fallenden Senkrechten. AB, AD sind zur Berechnung der Figur zwar nicht notwendig, man mißt sie aber, wenn die Figur aufgetragen werden soll, um eine Kontrolle der Richtigkeit zu haben.

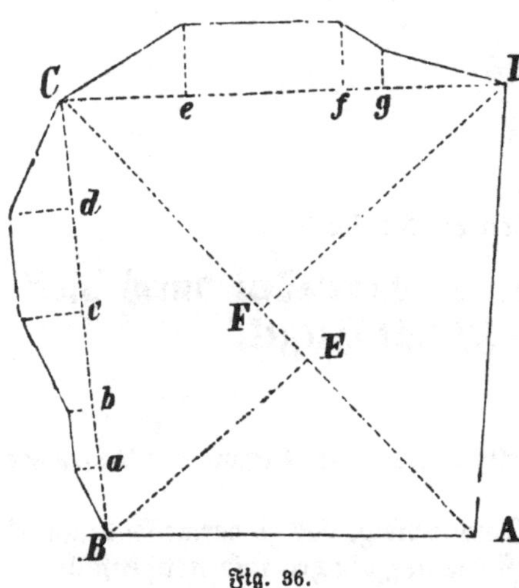

Fig. 36.

102. Waren hier die beiden Senkrechten BE, DF unbedingt auf dem Felde zu messen?

Wenn die Figur aufgetragen werden soll, nicht! Denn in diesem Falle sind die zwei Dreiecke ABC, ACD aus den Seiten völlig bestimmt. Soll aber die Figur aus dem Brouillon berechnet werden, so sind diese Senkrechte unmittelbar zu messen. Ihre Fußpunkte E, F bezeichne man jedoch durch Spiegel oder Kreuz recht genau, wobei A, E, F, C in einer geraden Linie liegen müssen.

103. Das Feldstück Fig. 37 ist sehr krummlinig begrenzt, läßt sich aber frei übersehen; wie ist es am besten zu vermessen?

Am leichtesten kommt man zum Ziele, wenn man die Hülfslinien AB, DC so wählt, daß sie die Grenzen in den Biegungen durchschneiden. Zu messen sind nun AC mit den Perpendikeln DE, BF, so wie AB, BC, CD mit den darauf fallenden Senkrechten. Bei der Berechnung ist jedoch genau zu beachten, daß die Dreiecke b und d der Grundfigur ABCD zugerechnet werden, während a und c negativ sind oder davon abgezogen werden müssen. Durch Einführung negativer

Ergänzungsfiguren erleichtert man sich die Arbeit gewöhnlich ungemein.

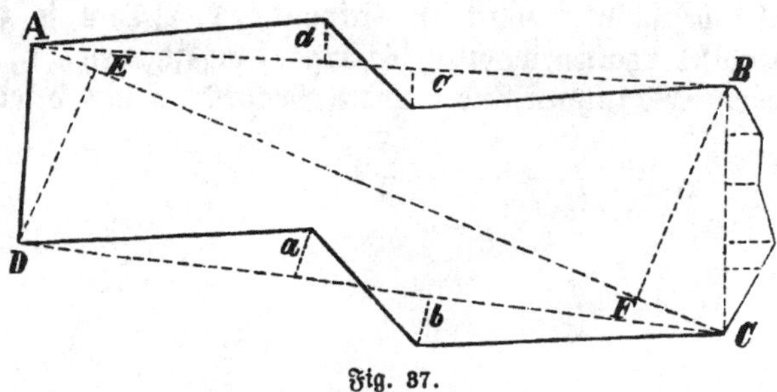

Fig. 37.

104. Auf welche Weise kann das Berechnungsmanual für Fig. 37 eingerichtet werden?

Am besten erhalten die zu subtrahierenden Figuren im Berechnungsmanuale eine besondere Rubrik, wie dies folgendes ausgeführte Beispiel für Fig. 37 zeigt. Die in der Berechnung eingeführten Maße sind Meter.

Berechnung	zu addieren		zu subtrahieren	
$\triangle ABC = 36 \times 11 = 396$; $\triangle ACD = 36 \times 10 = 360$;	ABC	396	a	34
	ACD	360	c	34
$\triangle a = 17 \times 2 = 34$; $\triangle b = 18 \times 2 = 36$;	b	36		
	BC	37		
Ergänzung BC = 37; $\triangle c = 17 \times 2 = 34$;	d	32		
		861		68
$\triangle d = 16 \times 2 = 32$;				
Die ganze Figur hat mithin $^1/_2 . 793 = 397$ □m = 3 Ar 97 □m Fläche. abzuziehen		68		
Rest		793		

105. Wie ist bei Vermessung des Teiches Fig. 38 zu verfahren?

Am leichtesten geschieht diese Vermessung durch Umschließen mit einer geradlinigen Figur, wie z. B. mit dem Trapeze

ABCD. AB ist die Grundlinie und auf ihr stehen AC und BD senkrecht. Die Krümmen des Teiches werden durch Perpendikel bestimmt, wobei die Eckpunkte 1, 2, 3, 4 je zwei Perpendikel erhalten, wodurch die Ergänzungsfiguren a, b, c, d entstehen. Von ihnen sind c und d Rechtecke, a und b jedoch

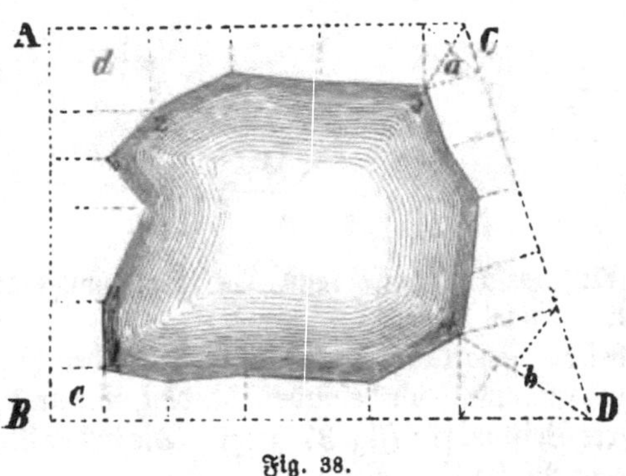

Fig. 38.

müssen jede in zwei Dreiecke zerlegt werden, um ihren Flächeninhalt bestimmen zu können. Die Berechnung selbst ist nun sehr einfach, denn wenn vom Trapeze ABCD sämtliche Ergänzungsfiguren abgezogen werden, bleibt offenbar die Fläche des Teiches übrig.

106. In Fig. 39 ist eine von einer Bachgrenze großenteils umschlossene Wiesenparzelle angedeutet; auf welche Weise kann ihre Vermessung geschehen?

In dieser Figur müssen mehrere Hülfsfiguren angenommen werden, wie z. B. durch die Punkte A, B, C, D, E, F, G, H. Sämtliche Ergänzungsfiguren a bis i sind additiv und es sind nun zu messen: Die Linien DE, EF, FG, GH, HA, AB, ferner BH, CG und CE mit allen darauf fallenden Senkrechten. Die Länge der Linien BC, CD, CF, BG zu messen ist nicht notwendig, bei Zeichnung jedoch geben sie eine Probe der richtigen Arbeit.

107. Wie ist bei Vermessung eines Gehöftes zu verfahren?

Im allgemeinen ist die Fr. 105 erklärte Methode des Einschließens in eine Grundfigur am bequemsten. Die Art

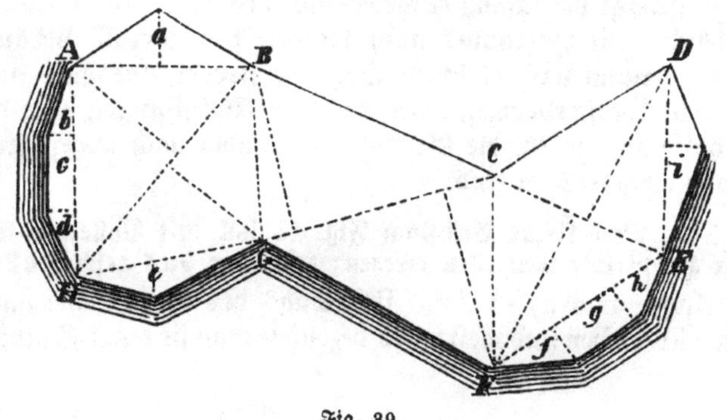

Fig. 39.

und Weise dieser Einschließung wird durch Umstände bedingt und ist allemal Sache der Überlegung und des durch Übung

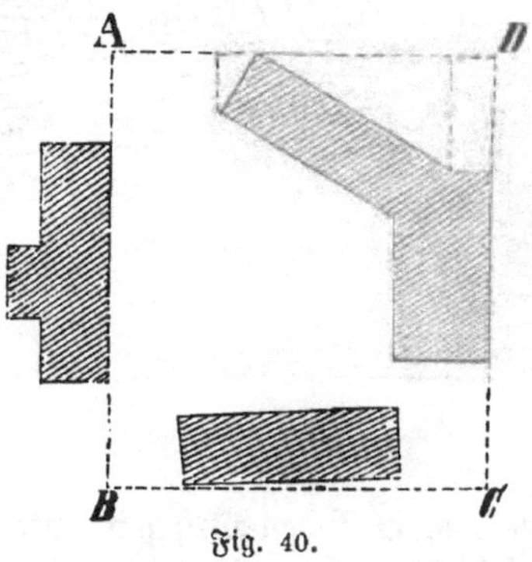

Fig. 40.

geschärften Umblicks. Um z. B. das Gehöfte Fig. 40 zu vermessen, kann von der Linie A B ausgegangen werden, auf welcher die Hülfslinien A D, B C senkrecht stehen und die C D bestimmen. Die Eck- und Winkelpunkte der Gebäude können nun leicht durch Perpendikel gefunden werden.

108. Ist es nötig, die Grundfläche der Gebäude besonders anzugeben?

Wenn es nicht besondere Gründe verlangen, nein! In der Regel genügt die summarische Angabe des Inhaltes sämtlicher Gebäude mit Hofraum; auch werden fast überall Gebäude und Hofraum nach gleichem Satze versteuert, weshalb auch bei den Katastervermessungen nur die Umfassungsgrenze der Gehöfte angegeben, die Gebäude selbst aber nach ungefährem Maße eingezeichnet sind.

109. Das kleine Besitztum Fig. 41 soll mit Basierung auf eine Hauptlinie vermessen werden; wie kann dies geschehen?

Angenommen, es lasse sich längs des Weges eine lange Linie übersehen und messen, so bezeichne man sie durch Stangen

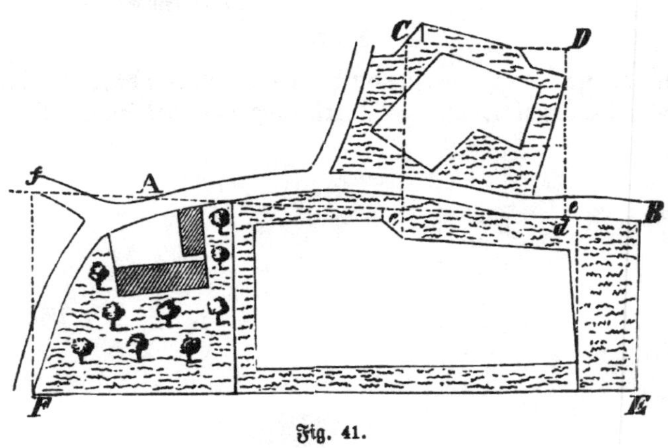

Fig. 41.

A, B. Um die beiden, durch den Weg getrennten, Komplexe des Grundstücks auf diese Linie zu beziehen, setze man ebenfalls Stangen an die Punkte C, D, E, F und verpfähle die Fußpunkte e, d, c der Perpendikel Ee, Dd, Cc auf der Linie AB, so wie den Fußpunkt f des Perpendikels Ff auf deren Verlängerung. Hierdurch werden zugleich die Linien CD und EF bestimmt und die Einmessung der Grenzen des Ganzen, die des Feldes und Gehöftes geschieht nun leicht durch Perpendikel auf vorigen Hauptlinien. Die Berechnung muß hier sehr genau und sorgfältig geschehen, weil gewöhnlich viel subtraktive Ergänzungsfiguren vorkommen.

110. Was wird unter Senkrechten auf Senkrechten verstanden, und in welchen Fällen finden sie Anwendung?

Es kommt bei kleinen Grenzbächen oft vor, daß sie eine ungemein große, schnell wechselnde Krümmung haben, so daß deren Vermessung durch auf eine Linie gefälltes Perpendikel

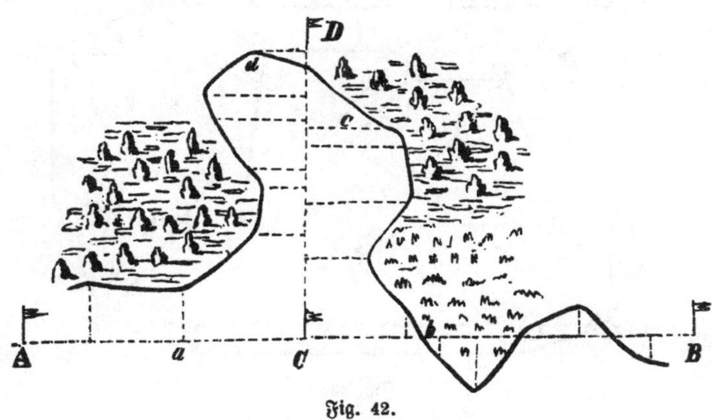

Fig. 42.

wegen deren unverhältnismäßigen Länge ungemein erschwert wird. In solchen Fällen benutzt man oft mit großem Vorteile die Senkrechten auf Senkrechten, wie Fig. 42 ein Beispiel zeigt. Nachdem hier die Vermessung auf der Hauptlinie A B bis a fortgeschritten ist, wird der Teil a b c d für sich vermessen, zu welchem Zwecke das Perpendikel C D dient. Dasselbe wird wieder als Hauptlinie benutzt und die daran fallenden Bachkrümmungen durch auf erstere gezogene Senkrechte bestimmt. Von b aus geht die Vermessung auf der ersten Hauptlinie fort und es erleidet das weitere Verfahren, so wie die Berechnung keinerlei Änderung. Zu berücksichtigen ist nur, daß in den Anstoßpunkten a und b keine ungemessenen Trapeze übersehen werden.

111. In Fig. 43 ist ABCD eine Wiese, in welcher sich die Feldparzelle 1, 2...8 befindet. Wie kann diese Figur, um sie aufzutragen, vermessen werden?

Die Vermessung geschieht ganz nach den vorstehenden Regeln. Nachdem das Grundviereck ABCD abgesteckt, werden

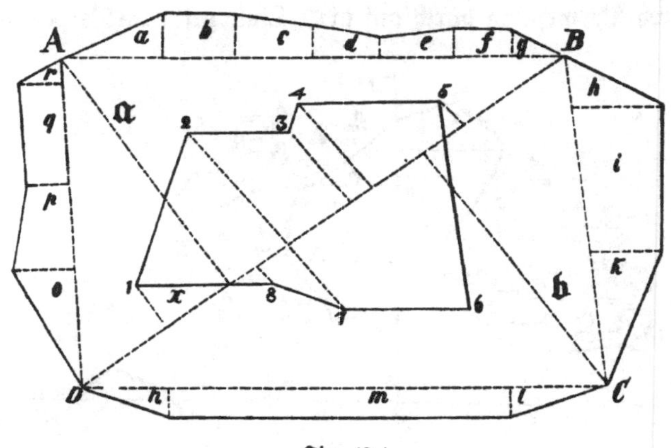

Fig. 43.

die Seiten AB, BC, CD, DA mit den darauf fallenden Perpendikeln gemessen; eben so die Diagonale BD mit den Senkrechten 𝔞 und 𝔟, so wie den Perpendikeln aus den Eckpunkten des Feldes. Ein sehr deutliches Croquis ist hier unerläßlich.

112. Wie kann die Berechnung dieser Figur vollzogen werden?

Sie kann nach voriger Weise geschehen, indem zuerst der ganze Komplex, d. i. die Dreiecke 𝔞, 𝔟, so wie die Ergänzungsfiguren a, b, c, ... r berechnet werden. Hierauf wird nach den auf der Diagonale gefundenen Maßen der Inhalt des

Feldes gesucht und vom Ganzen abgezogen. Der Rest ist dann gleich dem Inhalte der Wiese.

Es sei Beispiels halber Wiese und Feld = 12743 □m
ab: das Feld allein = 5132 „
bleibt Inhalt der Wiese = 7611 □m.

Wird die Figur aufgetragen, so läßt sich die Rechnung viel leichter ausführen.

113. Wie steht die vollständige Berechnung einer aus mehreren Parzellen und Kulturarten zusammengesetzten Figur?

Angenommen, Fig. 44 sei zu berechnen, Parzelle I, II, III oder Figur a bis h sei Feld, Parzelle IV Wiese und

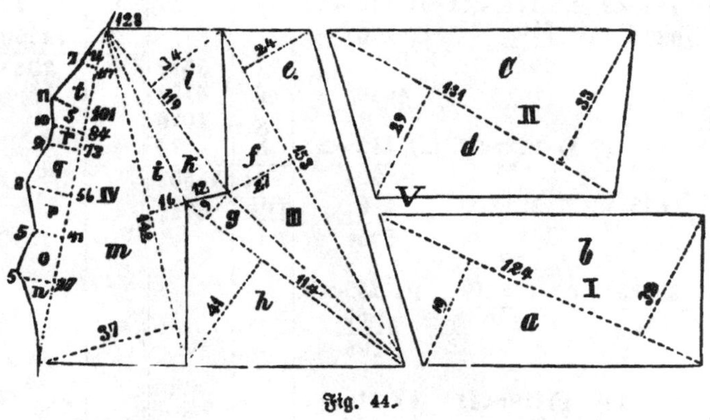

Fig. 44.

Parzelle V Weg, so würde die Berechnung nach den der Figur beigesetzten Maßen folgende sein, wobei, Raumes halber, die Rubrik für die Inhalte geteilt ist.

Berechnung

a) 124×19
1116
2356

b) 124×32
248
372
3968

c) 131×33
393
393
4323

d) 131×29
1179
262
3799

e) 153×24
612
306
3672

f) 153×27
1071
306
4131

g) 114×9
1026

h) 114×41
456
4674

i) 119×34
476
357
4046

k) 119×12
238
1428

l) 142×16
852
2272

m) 142×37
994
426
5254

n) 27×5
135

o) 14×10
140

p) 13×15
65
195

q) 17×17
119
289

r) 19×11
19
209

s) 21×17
147
357

t) 18×16
108
288

u) 7×11
77

Weg = 247×16
1482
3952

Inhalt		Inhalt	
No.	Produkt	No.	Produkt
a	2356	i	4046
b	3968	k	1428
2:	6304	l	2272
I=	3152	m	5254
		n	135
		o	140
		p	195
c	4323	q	289
d	3799	r	209
2:	8122	s	357
II=	4061	t	288
		u	77
		2:	14690
e	3672	IV=	7345
f	4131		
g	1026		
h	4674		
2:	13503		
III=	6752		
		V=	3952

Zusammenstellung.

Parz.	I.	Feld . .	=	31	Ar	52	□m
„	II.	„ . .	=	40	„	61	„
„	III.	„ . .	=	67	„	52	„
		Feld in Sa.	=	139	Ar	65	□m
Parz.	IV.	Wiese .	=	73	„	45	„
„	V.	Weg . .	=	39	„	52	„
		Totalfläche	=	252	Ar	62	□m

oder 2 Hektar 52 Ar 62 □m; oder 2,5262 Hektar; oder 252,62 Ar oder endlich 25 262 □m.

114. Werden mit der Kette auch Winkel gemessen und in welchen Fällen geschieht dies?

Winkelmessungen durch die Kette kommen nur vor, wenn die Figur aufgetragen werden soll, und sie werden auch in diesem Falle nur sehr ungern angewendet, weil trotz der größten Sorgfalt bei der Ausführung die Schärfe der Messung doch nicht allzugroß wird. Die Maße dürfen hierbei nicht bloß in ganzen Kettengliedern angegeben werden, sondern es ist unerläßlich, die möglichst kleinen Teile desselben, mindestens Centimeter, zu berücksichtigen.

115. Wie wird die Winkelmessung durch Kette, wenn sie nicht zu vermeiden ist, ausgeführt?

Die Winkelmessung kommt nur vor, wenn die Hauptlinie

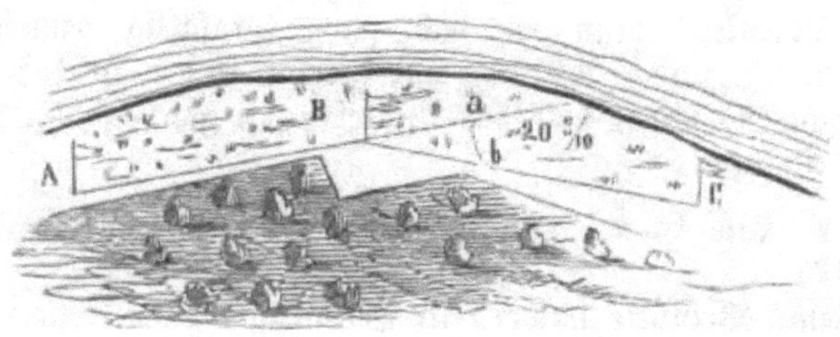

Fig. 45.

Hindernisse halber nicht gerade fortgesetzt werden kann. In Fig. 45 z. B. sei ein Wiesenrand zu vermessen, welchen auf einer

Seite ein Fluß und auf der andern ein Waldsaum so begrenzt, daß von A bis C weder zu sehen noch zu messen ist. An einem passenden Orte wird hier ein Zwischenpunkt B angenommen und dadurch die Hauptlinie A B C gebrochen. Um aber die gegenseitige Neigung von A B, B C genau auf die Zeichnung bringen zu können, wird die Linie A B um 2, 3, 4 oder, wenns möglich ist, um 5 Ketten nach a verlängert und dieselbe Weite auch in b auf B C getragen. Nun ist die Entfernung zwischen a und b, jedoch mit der größten Genauigkeit, zu messen und das gefundene Maß im Croquis einzutragen, um hiernach die Zeichnung ausführen zu können. Daß nebenbei, bei Messung von A B, B C, gleichzeitig die auf Waldsaum und Fluß fallenden Senkrechten mit bestimmt werden, versteht sich dem vorhergehenden gemäß von selbst.

116. Welche Längen sind hierbei für die Winkelschenkel am bequemsten?

Will man die Größe der Winkel in Grad wissen, so giebt die Länge einer Kette (Dekameter) unmittelbar 1000 Centimeter. Dadurch erhält man die Sehne unmittelbar in Tausendteilen des Halbmessers und der Winkel kann ohne weiteres in der Sehnentafel aufgesucht werden. In Fig. 45 z. B. seien die Radien B a, B b = 1000 Centimeter lang abgesteckt worden, und zwar in genauester Richtung der Winkelschenkel. Nun sei das ganz sorgfältig gemessene Sehnenmaß a b = 441 cm, und hiermit in die Tafel S. 14 eingegangen, zeigt, daß der Winkel a B b ganz nahe 25 1/2 Grad umfaßt.

117. Wie ist bei größeren Längen der Schenkel zu verfahren?

Wenn, Beispiels halber, der Halbmesser zu 5 Ketten angenommen wäre und die Sehne sei 114 Decimeter = 1140 Centimeter gemessen, so muß diese Zahl durch 5 dividiert werden und der Quotient 228 giebt die Sehne für den Radius 1000 an.

118. In Fig. 46 ist abefcd eine, an Feld stoßende, sonst aber von Gehölz umgebene Waldparzelle. Wie kann sie mit der Kette zum Auftragen vermessen werden?

Nachdem vom Felde aus die Grenzen ad, ann, dn bestimmt sind, werden die Grundlinien ab, be, dc, cf gemessen und ihre Neigung nach voriger Frage durch die

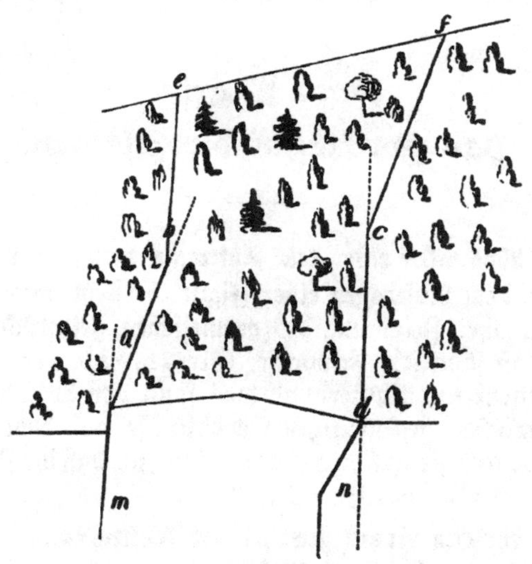

Fig. 46.

Winkel a, b, c, d bestimmt. Fallen Grenzsteine neben eine der Grundlinien, so ist ihre Lage durch Senkrechte anzugeben. Wie bereits erwähnt wurde, greift man nur im Notfalle zu dieser Art Vermessung und man muß suchen, wenn es einigergestalt möglich, wenigstens einige Breitenlinien zur Revision zu messen, z. B. von b nach c oder von c nach e Fig. 46.

Vierter Abschnitt.

Das Auftragen der Figuren.

---

119. Was wird unter dem Auftragen verstanden?

Unter dem Auftragen einer Figur versteht man die Anfertigung einer Zeichnung des vermessenen Feldstückes in der Weise, daß sämtliche Eckpunkte, Grenzen und Abgrenzungen der Kulturarten, Bauten und was sonst von Wichtigkeit, in dem nämlichen gegenseitigen Verhältnisse auf dem Papiere stehen, welches sie auf dem Felde haben, so, daß die Zeichnung ein genaues Bild des Feldes giebt.

120. Welchen Nutzen gewährt das Auftragen der Figuren?

Der Nutzen ist sehr vielfach. Denn durch das Auftragen gewinnt die ganze Vermessung an Interesse, der Inhalt läßt sich bequemer berechnen, Meßfehler zeigen sich sofort, jede Einteilung kann leicht vorgenommen werden, es läßt sich die Stelle jedes verlorengegangenen Grenzpunktes jederzeit wieder bestimmen und der Wirtschaftsbetrieb, Drainierungen ꝛc. lassen sich auf dem Grundrisse deutlich angeben.

121. Welche Werkzeuge sind zum Auftragen erforderlich?

Für unsern Zweck genügen ein Handzirkel, ein Abschiebezeug, ein Transversalmaßstab, eine Reißfeder, einige gute Bleistifte, etwas Gummi, vier Kopierzwecken, ein Stückchen Tusche mit Tuschnäpfchen und, wenn der Riß koloriert werden soll, einige Farben und Haarpinsel.

122. Welche Eigenschaften muß ein guter Handzirkel haben?

Er muß etwa 12 Centimeter lang sein, sich im Gewinde ruhig und ohne zu federn bewegen, seine Spitzen müssen stark und federhart sein und so zusammenpassen, daß beide bei geschlossenem Zirkel nur einen ganz feinen Punkt machen. Beim Gebrauche ist er mit Daumen und Zeigefinger am Gewinde seitwärts anzufassen und sind die Spitzen zu schonen.

123. Woraus besteht das Abschiebezeug?

Es besteht aus einem ungefähr 20 Centimeter langen hölzernen Lineal A und einem ebenfalls hölzernen Dreieck B Fig. 47. Lineal und Dreieck müssen möglichst dünn sein, gleiche Stärke haben und ganz gerade Kanten besitzen. Beim Dreiecke ist a r ungefähr 12, b r 16 Centimeter; der Winkel r muß genau ein rechter sein und in l ist ein Loch zum bequemern Anfassen eingebohrt. Besser noch ist das Dreieck aus drei Linealen zusammengesetzt.

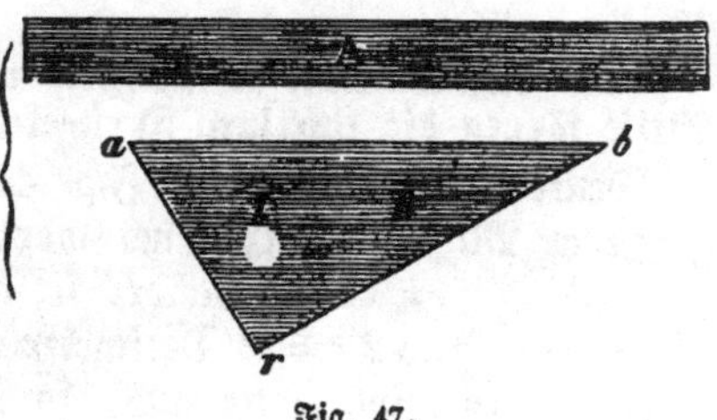

Fig. 47.

124. Wie ist der Transversalmaßstab beschaffen?

Derselbe ist gewöhnlich aus Messing, er kann aber auch auf ein mit gutem Zeichenpapier beleimtes Lineal gezeichnet werden und ist seine Einrichtung in Fig. 48 S. 58 zu ersehen. Jenachdem die Zeichnung groß oder klein werden soll, kann die Linie O x 10 Ketten, 10 Meter u. s. f. angenommen werden. Diese Länge wird auch von o nach rechts so viel mal aufgetragen, als wie es die Länge des Lineals erlaubt. Der erste Abschnitt O x wird genau in 10 gleiche Teile zerlegt. In beliebigen aber genau gleich weiten Abständen von der Linie x 30 zieht man 10 Parallelen und durch die Punkte x, 0, 10, 20, 30 Senkrechte. Die obere Weite O y wird ebenfalls in 10 gleiche Teile zerlegt und endlich werden die Teilpunkte mit den unten stehenden durch die in der Figur ersichtlichen schiefen Linien — Transversalen genannt — verbunden.

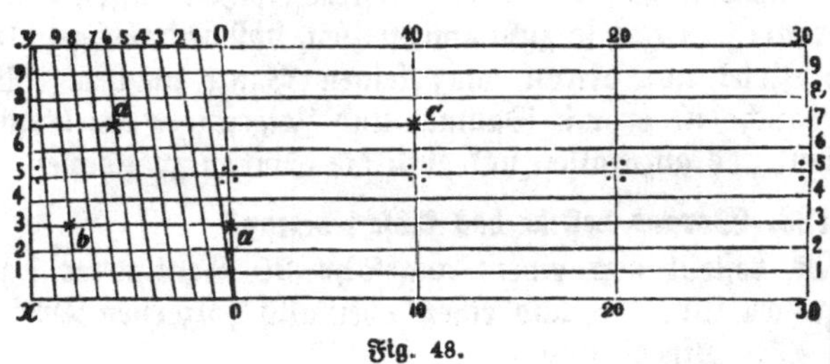

Fig. 48.

125. **Angenommen, die Länge 0 x sei 10 Meter; auf welche Weise können die einzelnen Decimeter abgenommen werden?**

Deutlichkeits halber ist Fig. 49 eine Transversale in größerm Maßstabe gezeichnet worden. Ist hier die Linie k 10 1 Meter, so ist h 8 = 8; e 5 = 5; b 2 = 2 Decimeter u. s. f. Drückt aber k 10 eine Kette aus, so ist i 9 = 9; g 7 = 7; c 3 = 3 Meter u. s. f. Hierdurch wird nun der Gebrauch des Maßstabes Fig. 48 klar werden. Wenn z. B. x 10 die Länge von 10 Meter ausdrückt, so ist a b = 8,3 Meter und c d = 15,7 Meter. Bezeichnet x 10 aber die Länge von 10 Ketten, so ist a b = 8,3 Ketten = 83 Meter und c d = 15,7 Ketten oder 157 Meter. Der Gebrauch dieses Maßstabes ist fleißig zu üben.

Fig. 49.

126. **Wie ist die Reißfeder beschaffen und wozu dient sie?**

Die Reißfeder besteht aus zwei federartigen Stahlbacken b c Fig. 50, welche bei C an einen Griff a c angelötet sind und durch die Schraube s weit und enge gestellt werden können. Sie wird zum Ausziehen der Linien mittels Tusche gebraucht, zu welchem Ende man ein Stückchen gute Tusche — für 1 Mark bekommt man schon ein brauchbares Stück — in

Wasser so lange sanft abreibt, bis eine schwarze, gut fließende Tinte entstanden ist. Man nähert nun die Spitzen der Reißfeder einander, flößt etwas Tusche mittels eines Pinsels oder einer Feder zwischen deren Backen und stellt sie durch Hülfe der Schraube so, daß die Linie die gewünschte Stärke erhält. Beim Ausziehen ist mehr auf ganz egale, als auf zu feine Linien zu

Fig. 50.

sehen und muß überhaupt das Ausziehen viel geübt werden. Nach jedesmaligem Gebrauche ist die Reißfeder zu reinigen und die Stellschraube S nachzulassen. Beim Ausziehen mit der Reißfeder kommt sehr viel auf deren Haltung an. Diese muß senkrecht auf das Papier sein, die Backen dürfen nicht verwendet werden und muß das Ziehen selbst wie beim Glaser mit dem Diamant geschehen. Oft versagt die Feder, weil die Tusche eingetrocknet. In diesem Falle taucht man sie mit der äußersten Spitze in ein Glas Wasser und flößt frische Tusche nach.

127. Wie werden rechte Winkel mittels des Abschiebezeuges gezeichnet?

Es sei a b Fig. 51 eine gegebene Linie und c ein Punkt auf derselben, von welchem eine Senkrechte errichtet werden

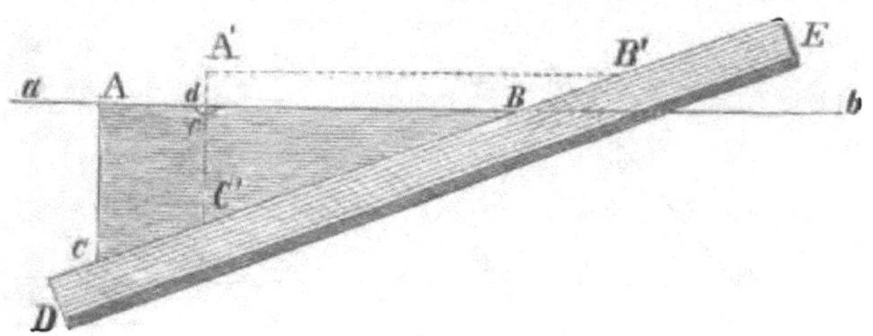

Fig. 51.

soll. Zu diesem Zwecke legt man die Kante A B des Dreiecks in der gezeichneten Lage genau an die Linie a b und das Lineal

DE an die schiefe Seite — die Hypotenuse — des Dreiecks, wobei beide, Lineal und Dreieck, leicht festzuhalten sind. Jetzt bleibt das Lineal unverrückt, das Dreieck aber wird an demselben so weit verschoben, bis es die Lage A'B'C' erhält, d. i. bis die Kante AC den Punkt c bei A'C' scharf berührt. In dieser Lage steht A'C' ebenfalls senkrecht auf ab und durch eine feine Bleilinie an A'C' ist der gewünschte Perpendikel gezogen. Zieht man eine Linie an der Kante A'B' des Dreiecks, so ist sie parallel zu ab.

128. Angenommen aber, es seien gegeben die Linien ab und ein Punkt d Fig. 51, von welchem letztern Punkte eine Senkrechte auf ab gefällt werden soll; wie ist hier zu verfahren?

Hier ist ganz auf die vorige Weise zu verfahren; anstatt aber die Dreieckkante A'C' an den — hier gar nicht gegebenen — Punkt c zu legen, bringt man sie an den Punkt d und zieht die Linie cd, wie vorhin. Hierbei ist zu bemerken, daß alle Linien ganz fein zu ziehen sind, weshalb der Bleistift auf einer Seite spitz und auf der andern breit — wie ein Keil — geschärft wird, wozu man am besten eine feine Feile oder einen Wetzstein anwendet.

129. Die drei Seiten eines Dreiecks sind gegeben; wie läßt sich das Dreieck hiernach zeichnen?

Es sei ABC Fig. 52 das in Zeichnung oder nach dem Maße gegebene Dreieck. Nachdem zum Auftrage die Linie

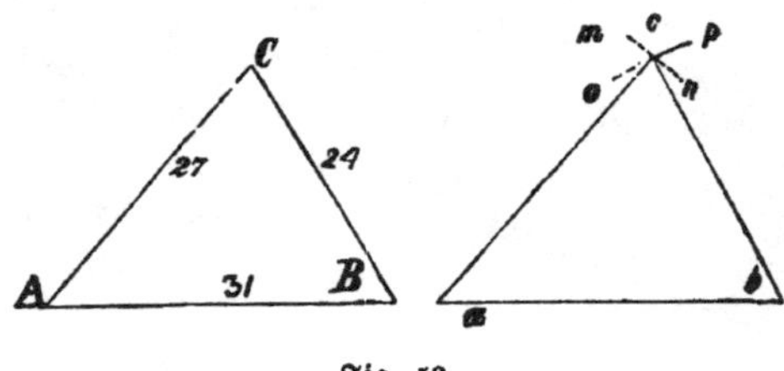

Fig. 52.

ab = 31 Teile gezogen, wird die Linie AC' = 27 Teile in den Zirkel genommen, der Zirkel in a eingesetzt und ein leichter

Bogen m n beschrieben. Wird nun die Weite B C = 24 Teile genommen, der Zirkel in b eingesetzt und der Bogen o p beschrieben, so giebt der Durchschnitt C beider Bogen die dritte Spitze des verlangten Dreiecks a b c, welches durch Ziehen der Linien a c, b c vollendet wird.

130. Wie läßt sich ein Dreieck aus zwei Seiten und dem zwischenliegenden Winkel auftragen?

Es sei A B C Fig. 53 das gegebene Dreieck und es messen AB = 84; A C = 112; A m = A n = 50, sowie m n = 17 Teile. Mache a c = 112; a n' = 50; ziehe den Bogen n' x und trage auf ihn von n' aus n' m' = 17; ziehe aus a durch m' die Linie a p, trage a b = 84 auf und vollende durch b c das verlangte Dreieck.

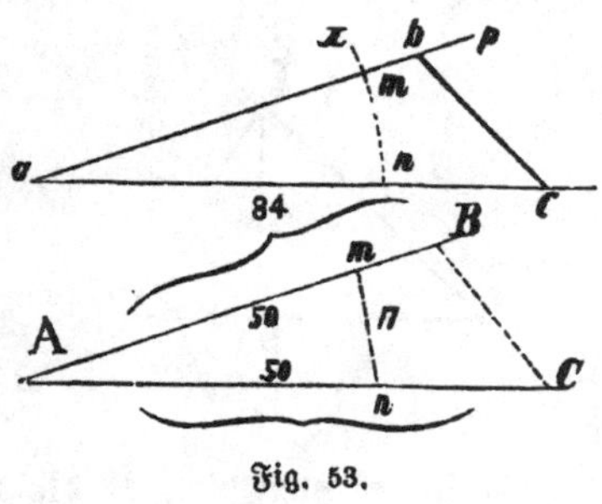

Fig. 53.

131. Und wie aus einer Seite und den anliegenden Winkeln?

Nachdem die Linie a c Fig. 54 = A C = 129 gemacht ist, trage man von a und c aus je 50 auf und ziehe die

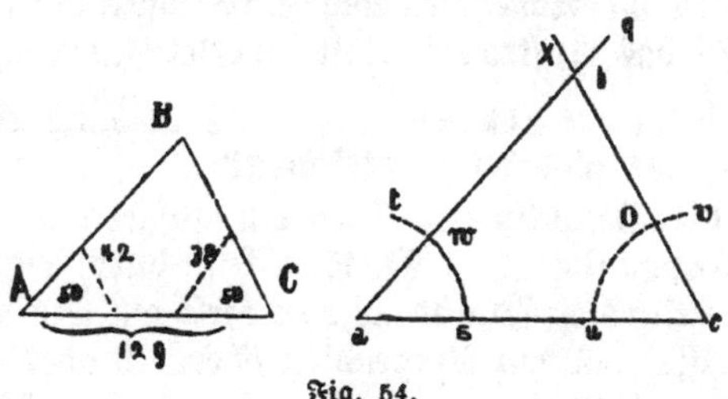

Fig. 54.

Bogen s t, u v. Trage auf s t die s w = 42 und auf u v die u o = 38; ziehe durch w und o die a w q, c o x, so wird der Durchschnittspunkt b die dritte Spitze des Dreiecks und a b c das Dreieck selbst sein.

132. Beim Dreieck ABC Fig. 55 sind gegeben: die Grundlinien AC, die Breite DB und der Abstand AD; wie kann es gezeichnet werden?

Nachdem die Linie ac = AC und ad = AD gemacht worden, errichtet man die Senkrechte dm und trägt auf sie db = DB. Durch Ziehung der Linien ab, cb ist das Dreieck vollendet. Diese Art der Zeichnung kommt beim Feldmessen vorzüglich vor.

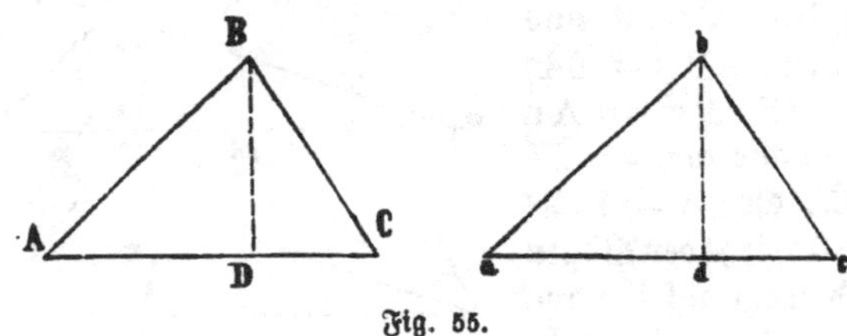

Fig. 55.

133. Ist es gleichviel, ob die aufzutragende Figur in Zeichnung mit wirklichen, oder nur im Croquis, mit beigeschriebenen Maßen, gegeben wird?

Es ist dies ganz gleich. Denn während man bei einer vorliegenden Zeichnung alle nötigen Linien, ohne sich besonders um ihr Metermaß zu bekümmern, in den Zirkel faßt und überträgt, geschieht das Abnehmen nach dem Croquis auf dem Maßstabe, wobei das Auftragen selbst keinerlei Änderung erleidet.

134. Die Grenze alklemnh Fig. 56 ist durch Perpendikel aufzutragen; wie ist dabei zu verfahren?

Wenn die Hauptlinie AH = ah aufgetragen, bemerke man die Fußpunkte B, C, D, E u. s. f. durch einen feinen Zirkelstich. Um diese Punkte nicht zu verlieren und um gleichzeitig zu wissen, ob ein Perpendikel oberhalb oder unterhalb der Grundlinie fällt, zeichne man im ersten Falle mit Blei einen kleinen Halbkreis unterhalb, im zweiten Falle oberhalb der Hauptlinie. Wenn die Grenzlinie die Grundlinie AH durchschneidet, wie bei A, E und H, mache man ein volles Ringel um den Punkt. Werden nun nach Fr. 127 die Perpendikel gezogen, jedem die vorgeschriebene Länge gegeben und die Endpunkte durch gerade Linien verbunden, so ist die Zeichnung fertig.

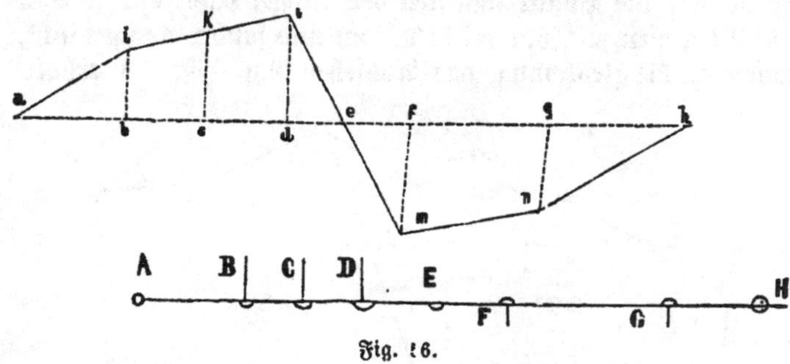

Fig. 56.

135. Wie ist beim Auftragen ganzer Figuren zu verfahren?

Das Verfahren ist ganz wie vorhin erklärt. Wäre z. B. Fig. 36 Fr. 101 das Croquis der aufzutragenden Figur, so würde zuerst Dreieck A B C und Dreieck A C D nach Fr. 132 aufzutragen sein, um dann an die Seiten B C und C D die Senkrechten nach ihrem richtigen Maße zu zeichnen und sodann die Umfangslinien auszuziehen.

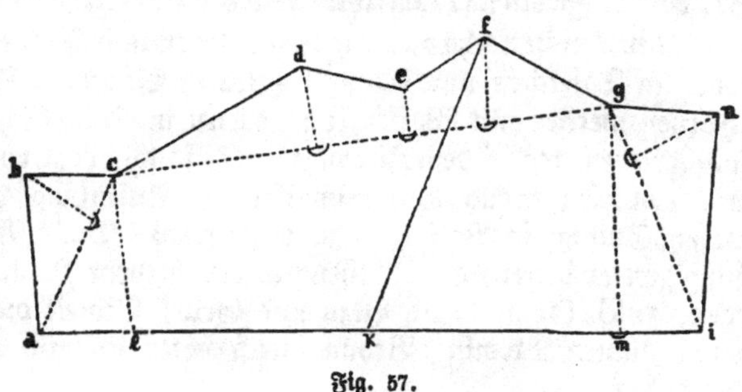

Fig. 57.

136. Was ist namentlich noch beim Ausziehen der Figuren mit Tusche zu berücksichtigen?

Sobald die ganze Figur mit feinen Bleilinien aufgetragen, wie in Fig. 57, werden alle Grenzpunkte mittels einer feinen

Stahlfeder mit Tusche fein umringelt, die Grenzlinien scharf mit der Reißfeder ausgezogen, so daß jede Linie beiderseits genau auf die Punkte inmitten der Ringel paßt, und sodann alle Bleilinien mit Gummi behutsam und sauber weggewischt, wodurch die Zeichnung das Aussehen von Fig. 58 erhält.

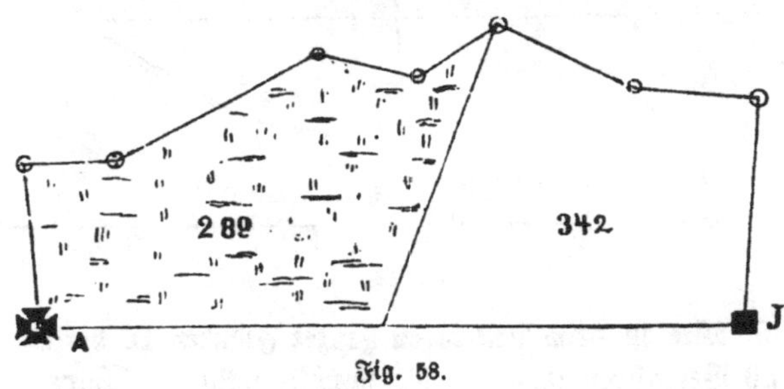

Fig. 58.

Grenzsteine werden gewöhnlich noch durch ein Quadrat J oder durch ein Kreuz A Fig. 58 bezeichnet. In die einzelnen Parzellen schreibt man sodann noch No., Kulturart, auch zuweilen den berechneten Flächeninhalt ein.

137. Welche Farben sind zum Kolorieren der Grundrisse nötig?

Außer der Tusche noch roter und blauer Karmin in Pulvern, Zinnober in Täfelchen und Gummi guttä in Stücken. Alle diese Farben werden mit Wasser sehr dünn in einem Schälchen aufgerieben, wobei dem Zinnober stets, so wie dem roten Karmin zuweilen etwas Gummiwasser — Auflösung von arabischem Gummi in Wasser — zugesetzt wird. Durch Vermischung zweier dieser Farben lassen sich verschiedene Nuancen erzeugen, z. B. Grün durch Blau und Gelb; Violett durch roten und blauen Karmin; Braun durch roten Karmin und Tusche u. s. f.

138. Wie müssen die Haarpinsel zum Kolorieren beschaffen sein?

Sie müssen aus sehr feinen Haaren bestehen, fest gebunden sein und beim Durchziehen durch die Lippen in eine feine Spitze auslaufen. Zum Kolorieren selbst sind sie von verschiedener

Größe notwendig, doch wählt man zu großen Flächen auch die größten Pinsel. Das Kolorieren selbst muß schnell geschehen, damit die Ränder vor Vollendung der betreffenden Fläche nicht trocknen, weil hierdurch Flecken entstehen.

139. Wie ist das Verfahren bei Ausführung eines kolorierten Grundrisses?

Nach Befestigung eines hinreichend großen Stückes Zeichenpapier mittels Kopierzwecken auf ein recht ebenes Brett wird die ganze Figur mit Bleistift aufgetragen und mit blasser Tusche recht fein und genau ausgezogen. Hierauf folgt das Auftragen der Farben, das Aufsetzen der Gebäude und der Grenzsteine so wie der Grenzbäume. Die Einfassungen der Wege können auch mit Zinnober gezogen werden, wodurch sie noch mehr hervortreten. Zuletzt folgt der Maßstab und die Schrift, welche letztere immer recht sauber, in passender Größe und so auszuführen ist, daß kein Buchstabe auf dem Kopfe steht. Wird eine Mittagslinie oder ein Nordzeiger verlangt, so wird dieser auch an einem passenden Orte angebracht. Die diesem Buche beigegebene Flurkarte drückt die Farben durch Schraffierung aus. Das Kolorieren selbst kann man sich von einem Feldmesser oder Baumeister zeigen lassen. (Siehe die Karte.)

140. Welche Farbe wählt man in der Regel zum Kolorieren der verschiedenen Kulturarten einer Flurkarte?

Bei den offiziellen Zeichnungen bestehen in den meisten Staaten bestimmte Vorschriften, bei Privatkarten ist die Wahl der Farben ganz beliebig. Im allgemeinen gelten jedoch folgende: a. Feld: blaßgelb, hochgelb, orange, blaßrosa, hochrosa, violett zu den verschiedenen Schlageinteilungen; b. Wiese: blaßgrün; c. Garten: dunkelgrün; d. Niederwald: blaßgrau mit dünner Tusche; e. Hochwald: dunklergrau mit dickerer Tusche — wo große Waldungen mit verschiedenen Schlägen vorkommen, führt man mehrere Grade von grau bis schwarz ein —; f. Gewässer: blau; g. Hofräume, Wege, Sandflächen und Sandgruben: matt zinnoberfarben; h. Gebäude: ganz Karmin oder tief schwarz;

i. Steinbrüche: dunkelbraun; k. Wüstungen und Heide: hellbraun; l. Moore: braungrün; m. Torf- und Braunkohlengruben: ganz dunkel braungrün. In ganz einfachen Karten schreibt man die Kulturart sofort bei.

141. Wie wird die Mittagslinie bestimmt?

Weil sie bei ökonomischen Grundrissen nur einen sehr untergeordneten Wert hat, so ist ihre Bestimmung nicht allzuängstlich vorzunehmen. Es genügt hierzu jederzeit zum wahren Mittage, den jede gewöhnliche Sonnenuhr anzeigt, die Richtung des Schattens einer lotrecht aufgesteckten Stange durch eine andere Stange zu markieren und diese beiden Stangen mit in den Grundriß zu bringen. Eine durch sie gezogene Linie ist die Nordlinie.

142. Ist beim Auftragen von Fig. 57 notwendig, die Perpendikel c l, g m zu messen?

Nein! Sobald die Perpendikel gezogen sind, nimmt man die Linien a c, i g in den Zirkel und durchschneidet die Perpendikel aus a und i mit diesen Längen. Die Durchschnittspunkte c und g sind sodann die entsprechenden Punkte der Figur. Es ist dies die Dreieckkonstruktion aus drei Seiten (Fr. 129).

143. Wie wird ein Grundriß abgezeichnet (kopiert)?

Wenn das Original sehr geschont werden soll, muß Punkt für Punkt nach Fr. 129 durch gedachte Dreiecke aufgetragen werden. Ist dies aber nicht notwendig, so legt man das Original auf das zur Kopie bestimmte Papierblatt, befestigt es durch Kopierzwecken und sticht nun jeden Punkt mit einer feinen englischen Sticknadel durch. Die erhaltenen Punkte lassen sich dann durch Hülfe des Originals leicht aufsuchen und durch Linien verbinden.

144. Es kommt häufig vor, daß eine Zeichnung in kleinerem Maßstabe ausgeführt oder reduziert werden soll. Wie ist das Verfahren dazu?

Allgemein gilt hier der Grundsatz, daß in beiden Zeichnungen, dem Originale und der Reduktion, alle gleichartig liegenden Linien einerlei Verhältnis haben müssen. Um dies zu erreichen giebt es mancherlei Vorrichtungen: Reduktionszirkel, Reduktionslineal, Storchschnabel oder Pantographen u. s. f. Für uns genügt aber der Reduktionsmaßstab in Verbindung mit dem Quadratnetze.

145. Welche Einrichtung hat der Reduktionsmaßstab?

Am bequemsten ist folgende. Angenommen, die Kopie solle in der Länge nur 2/3 des Originals haben. An eine beliebig lange Linie A B Fig. 59 setze unter ebenfalls beliebigen Winkel

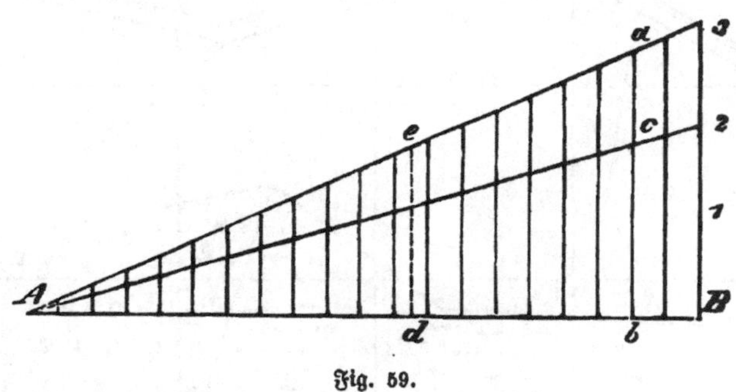

Fig. 59.

eine andere Linie B 3; trage auf diese zwei Weiten B 2, B 3, welche das gegebene Verhältnis haben, ziehe die Linien A 3, A 2 und zu B 3 in beliebigen Abständen und in beliebiger Anzahl Parallelen, so ist der Maßstab fertig.

146. Wozu dient dieser Maßstab unmittelbar?

Er dient dazu, ohne Rechnung für jede in den Zirkel gefaßte Linie sofort die ihr entsprechende nach dem gegebenen Verhältnisse zu finden. Hat man z. B. in der Originalzeichnung eine Weite = a b abgegriffen, so suche man auf dem Maßstabe die mit ihr gleich lange Parallele a b, setze den Zirkel hier ein und schließe ihn auf die Weite b c. Diese wird genau 2/3 von a b sein. Dasselbe gilt auch, wenn die gegebene Linie d e zwischen zwei Parallelen fällt.

147. Was wird unter einem Quadratnetze verstanden und wozu dient es?

Ein Quadratnetz ist eine Verbindung rechtwinklig aufeinanderstehender, Quadrate bildender Linien, mit denen eine Zeichnung überzogen wird, um sie in kleinere, unter sich ganz gleiche Teile zu zerlegen, wie dies Fig. 60, 61 zeigen.

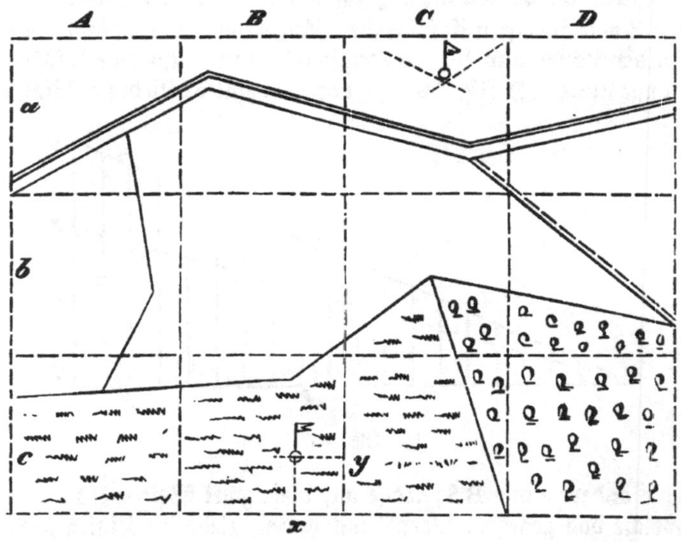

Fig. 60.

Der Zweck eines solchen Netzes ist, das Kopieren und Reduzieren einer Zeichnung zu erleichtern und möglichst fehlerfrei zu machen. Auf gewöhnlichen Zeichnungen wird das Netz mit feinen Bleilinien gezogen; soll das Original aber geschont werden, so legt man auf dasselbe eine in Quadrate geteilte Glasplatte oder einen Rahmen, in welchem feine Fäden straff in Quadrate ausgespannt sind.

148. Hat ein solches Netz außerdem noch einen Nutzen?

Ja! Bei kleinen Karten, namentlich Feldmesserzeichnungen,

erleichtert es die Berechnung, sobald die Seiten des Quadrates eine bestimmte Größe — z. B. 100 Meter — haben; bei großen Karten erleichtert es das Auffinden bestimmter Punkte und bei größeren Vermessungen dient es zum Übertragen der Fixpunkte.

149. Auf welche Weise wird die Reduktion durch Hülfe des Netzes vollzogen?

Nachdem das Original Fig. 60 mit dem Netze überzogen, wird nach der verlangten Verjüngung das Reduktionsnetz Fig. 61 gezeichnet. Hierauf trägt man Punkt für Punkt nach

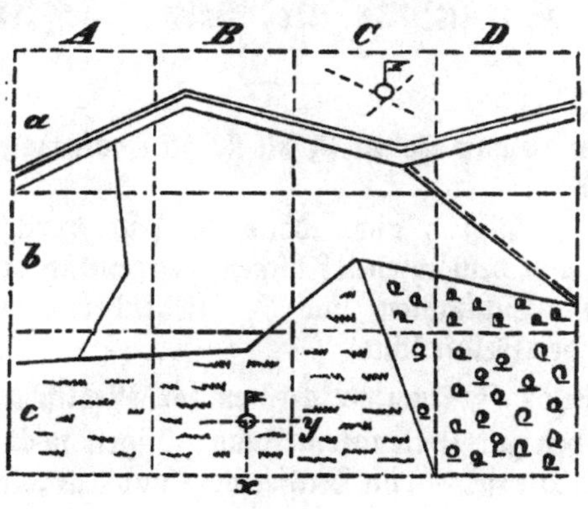

Fig. 61.

Abgreifen auf dem Reduktionsmaßstabe Fig. 59 in das entsprechende Quadrat ein. Jedes Quadrat wird für sich ausgefüllt, weil sich hierdurch vorkommende Fehler nicht fortpflanzen. Das Eintragen selbst kann durch Durchschnitte von den Winkelpunkten des Quadrates nach Fr. 129 erfolgen, oder durch sich schneidende Senkrechte (Koordinaten), wie dies ein Beispiel in dem Quadrate Bc Fig. 60 und 61 zeigt.

Fünfter Abschnitt.

Die Aufnahme mit dem Meßtische.

---

150. In welchen Fällen ist die Meßtischaufnahme vorzüglich anwendbar?

Sie ist vorzüglich anwendbar bei sehr durchschnittenen, gebirgigen und bewachsenen Flächen; namentlich bei Dörfern, Waldungen, Schluchten und bei stehender Ernte, wegen Schonung der Feldfrüchte.

151. Welche Instrumente gehören zur Meßtischaufnahme?

Außer den zur Kettenvermessung nötigen noch der Meßtisch —, die Mensel —, die Wasserwage und das Diopterlineal.

152. Wie ist der Meßtisch eingerichtet?

Der Meßtisch besteht aus einem quadratförmigen, 30 bis 40 Centimeter großen Reißbrette aus Lindenholz — der Blanchette —, welches auf einem dreifüßigen Gestelle — dem Stative — so angebracht ist, daß es sich leicht horizontal stellen und nach allen Richtungen drehen läßt. Die Konstruktion des Stativs ist sehr verschieden, doch genügt für gewöhnliche Zwecke die einfachste, aus einem Kegel und Hohlkegel mit Preßschraube bestehende, weil sie gleichzeitig die größte Festigkeit und Dauer besitzt.

153. Wie ist die Wasserwage beschaffen und wozu dient sie?

Die Wasserwage besteht aus einem genau gedrehten, dosenförmigen Gefäße, in welches oben ein etwas hohl geschliffenes

Glas eingesetzt ist. Der innere Raum der Wage wird mit Alkohol oder Äther so weit gefüllt, daß nur noch eine kleine Luftblase übrig bleibt. Wird nun diese Wage auf den Tisch gestellt, so tritt die Luftblase seitwärts, im Falle die Blanchette nicht horizontal steht; ist sie aber horizontal gestellt, so bleibt die Luftblase auf der Mitte des Deckglases.

154. Wie ist das Diopterlineal eingerichtet?

Es besteht aus einem hölzernen oder messingenen Lineale AB Fig. 62, an welchem sich zwei Platten C, D — die

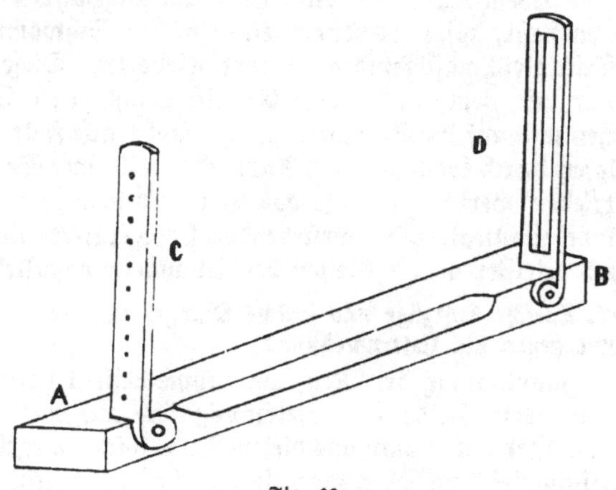

Fig. 62.

Diopter — senkrecht aufstellen und flach niederlegen lassen. Das eine dieser Diopter C — das Okulardiopter — ist mit einer Reihe feiner Löcher durchbohrt, während das andere D — das Objektivdiopter — einen Schlitz enthält, in welchem ein Haar senkrecht eingespannt ist.

155. Was wird verlangt, wenn der Meßtisch richtig aufgestellt werden soll?

Zunächst muß er genau horizontal stehen. Um dies zu erreichen, stellt man ihn nach dem Augenmaße ziemlich genau, setzt die Wasserwage auf und wiegt ihn durch Verrücken und

Eintreten der Schenkel in den Boden vollends genau ein. Sodann muß der auf ihm gegebene Punkt, welcher denjenigen auf dem Felde bezeichnet, wo der Tisch aufgestellt ist — den Standpunkt — genau über diesem stehen und endlich muß auch die Blanchette die richtige Lage nach einem andern Punkte des Feldes haben — muß richtig orientiert sein —, was nach dem Einwiegen durch Drehen der Blanchette um ihre Axe geschieht.

156. Wie wird der Meßtisch bespannt?

Nachdem ein Bogen guten Zeichenpapiers so zugeschnitten, daß er an jedem Rande der Blanchette um ungefähr 1 Centimeter vorsteht, wird es durch einen nassen Schwamm auf einer Seite gleichmäßig und nicht stark befeuchtet. Diese Seite wird nun mit dem, aus einem Eiweiß geschlagenen Schnee bestrichen und auf die Blanchette gelegt, wobei alle Falten und Luftblasen durch Schlagen und Andrücken mit einer Serviette ausgetrieben werden, so daß das Papier wie angeleimt auf der Blanchette liegt. Die vorstehenden Papierränder sind nun noch mit Kleister an die Seiten der Blanchette anzukleben.

157. Welche Vorzüge und welche Mängel hat die Meßtischaufnahme gegen die Kettenmessung?

Der Hauptvorzug der Menselaufnahme besteht darin, daß sofort auf dem Felde eine Zeichnung des aufgenommenen Stückes entsteht, und man aus diesem Bilde sofort vorgefallene Vermessungsfehler ersehen kann, so wie, daß er in gebirgigem und durchschnittenem Terrain zu arbeiten gestattet. Als Mängel sind vorzüglich zu erwähnen, daß nur bei guter Witterung mit dem Meßtische gearbeitet werden kann, vorzüglich aber, daß die Maße nicht in natürlicher Größe, sondern nur in Verjüngung erscheinen und deshalb, schon bei einem großen Maßstabe, sehr genau gearbeitet werden muß, wenn sich nicht erhebliche Maßfehler zeigen sollen. Überhaupt bedarf die Menselaufnahme fortwährender Übung.

158. Wie wird die Richtigkeit der Wasserwage geprüft?

Dadurch, daß man sie auf den Meßtisch stellt, und diesen genau einwiegt. Bleibt nun die Luftblase unverrückt, wenn man die Wage, ohne sie zu verrücken, um ihren Mittelpunkt dreht, so ist sie richtig; im entgegengesetzten Falle muß sie der Mechanikus justieren. Auf ähnliche Weise kann man sich überzeugen, ob die Blanchette eben ist. Sobald nämlich die Blase unverrückt steht, gleichviel auf welche Stelle der Blanchette man die Wage setzt, so ist erstere gut; im andern Falle muß an den abweichenden Stellen nachgeholfen werden.

159. Wie wird das Diopterlineal justiert?

Nach Einwiegen der Blanchette wird das Diopterlineal auf den Tisch gesetzt und nach einer senkrecht stehenden Hausecke gerichtet. Hierauf sieht — visiert — man durch ein und dasselbe Loch des Okulardiopters nach dieser Ecke und verstellt das Haar des Objektivdiopters mittels der hierzu angebrachten Schrauben, bis es die Ecke vollständig deckt. Visiert man nun, ohne das Lineal zu verrücken, durch die übrigen Löcher des Okulardiopters und deckt das Haar überall noch die Hausecke, so steht auch dieses richtig. Weicht jedoch das Haar ab, so ist die Platte des Okulars so weit zu verrücken, bis keinerlei Abweichung mehr erfolgt.

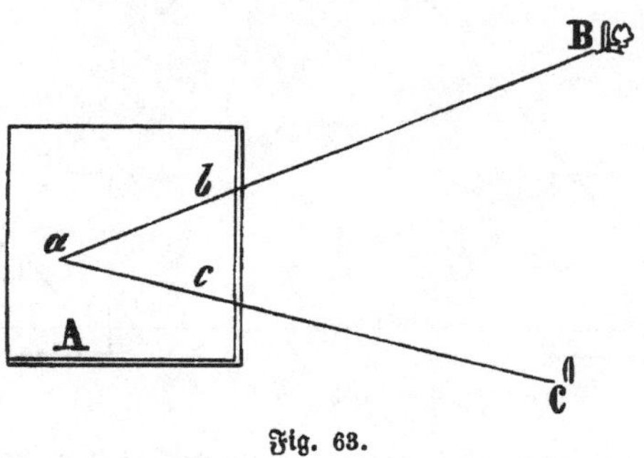

Fig. 63.

160. Wie wird ein auf dem Felde gegebener Winkel mittels des Meßtisches aufgetragen?

Es sei B a C Fig. 63 der aufzunehmende Winkel. Nachdem die Mensel horizontal über dem Scheitelpunkte in A aufgestellt und die Blanchette durch Anziehen der Preßschraube festgeklemmt wurde, wird auf derselben in a eine feine englische, mit einem Siegellacköpfchen versehene Stichnadel — die Anschlagnadel — behutsam senkrecht eingestochen, das Diopterlineal mit der rechten Kante an dieselbe angelegt und nach dem Punkte B visiert. Sobald das Haar das Objekt B deckt, wird die feine Bleilinie a b auf der Mensel gezogen, hierauf auf gleiche Weise nach C visiert und a c gezeichnet, womit nun durch b a c der gegebene Winkel aufgetragen ist. Beim Visieren hat man sich vor dem Abbrechen der Anschlagnadel zu hüten, weil sie an einem solchen Orte nicht wieder eingestochen werden kann.

161. a C b Fig. 64 ist ein Dreieck auf dem Felde, welches mittels des Meßtisches aus den Punkten a und b aufgetragen werden soll. Wie ist zu verfahren?

Zunächst wird die Mensel in A aufgestellt und nach voriger Nummer der Winkel c a b gezeichnet. Nachdem dies geschehen

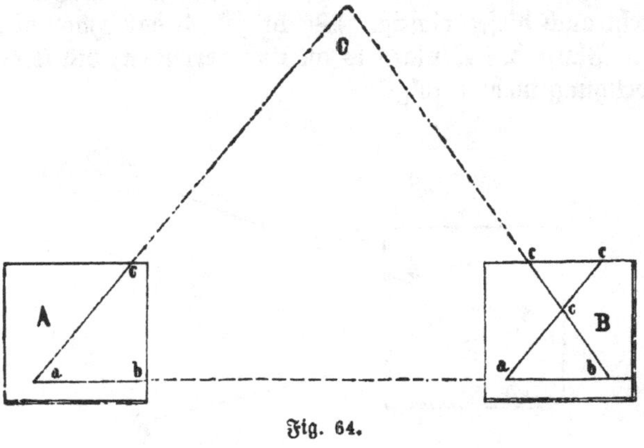

Fig. 64.

ist, mißt man die Linie a b — hier Standlinie genannt — und trägt ihr Maß nach dem Transversalmaßstabe auf. Hierauf stellt man den Tisch in B auf, und zwar so, daß der Punkt b des Tisches über b des Feldes liegt, legt das Diopterlineal an die Linie a b, visiert nach dem ersten Standpunkt a und dreht die Blanchette so lange, bis sie richtig orientiert ist, worauf man sie festklemmt. Wird nun endlich nach c visiert und eine Linie gezogen, so erscheint auf dem Tische das verjüngte Bild a b c des gegebenen Felddreiecks.

162. Wodurch läßt sich das genaue Anlegen des Lineals behufs des Orientierens erleichtern?

Dadurch, daß man die Visierlinie a b nicht nur so lang auszieht, als sie der Wahrscheinlichkeit nach werden muß, sondern sie an beiden Kanten des Tisches auch angiebt; denn es ist klar, daß das Lineal an eine Linie von 30 Centimeter Länge sich weit schärfer anlegen läßt, als an eine andere von wenig Centimetern. Diese Vorsicht ist beim Ziehen jeder Visierlinie, welche als Standlinie dienen soll, zu berücksichtigen.

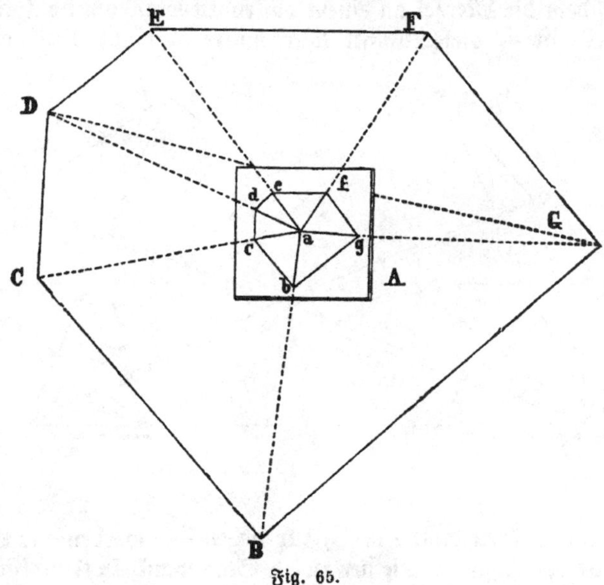

Fig. 65.

163. Wie kann eine Figur durch die Mensel aus einem einzigen Standpunkt aufgenommen werden?

B, C . . . F, G Fig. 65 sei die aufzunehmende Figur. An

einem passenden Orte, z. B. in der Mitte A, derselben wird der Meßtisch aufgestellt, der Punkt a bestimmt und von hier nach allen Eckpunkten visiert. Nun mißt man vom Standpunkt a aus die Linien a B, a C u. s. f. mit der Kette, und trägt sie im verjüngten Maße auf, so daß a b = a B, a c = a C bis a g = a G wird. Zieht man nun endlich die hierdurch auf der Blanchette erhaltenen Punkte b, c, d, e, f, g zusammen, so entsteht die verkleinte Figur im richtigen Verhältnisse und die Aufgabe ist gelöst.

164. Wie geschieht die Aufnahme einer Figur aus zwei Standpunkten?

Es sei C, D, E, F, G, H Fig. 66 die gegebene Figur. Nachdem die Mensel an einem passenden Standpunkte A aufgestellt ist — dieser Punkt kann inner- oder außerhalb oder

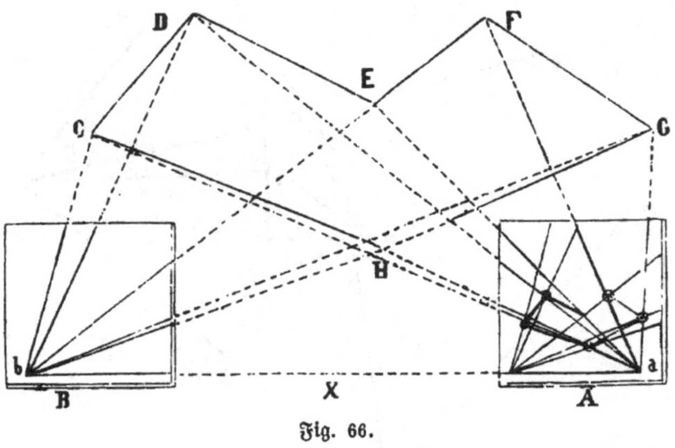

Fig. 66.

auf einem Grenzpunkte der Figur liegen —, werden alle Eckpunkte der Figur so wie der zweite Standpunkt in B anvisiert. Hierauf mißt man die Standlinie a b, trägt sie auf, stellt die Mensel nach B, orientiert nach a und visiert zum zweiten male nach allen Eckpunkten der Figur, oder man schneidet sie. Die Durchschnittspunkte der Visierlinien von A und B nach ein und demselben Punkte geben diesen auf dem Meßtische und durch Zusammenziehen derselben entsteht die Kopie der Feldfigur.

165. Welche Vorsicht ist zu gebrauchen, wenn die Schnitte zu spitz ausfallen, und was giebt gleichzeitig eine Probe der richtigen Arbeit?

Um sich von der richtigen Aufnahme zu überzeugen und um schlechte Schnitte deutlicher zu machen, stellt man die Mensel auf einen dritten Standpunkt, vielleicht in x Fig. 66, auf. Die nicht genau bestimmten Punkte, so wie diejenigen, welche vielleicht von B aus nicht geschnitten werden konnten, werden hier nochmals anvisiert. Ist ein Punkt zweimal geschnitten und durchkreuzen sich die drei Visierlinien in einem Punkte, wie z. B. a b, c d, e f Fig. 67, so ist dieser Punkt richtig bestimmt; bilden dieselben aber ein Dreieck, wie g h, i k, l m, so ist ein Fehler vorgefallen, welcher sofort aufgesucht und verbessert werden muß.

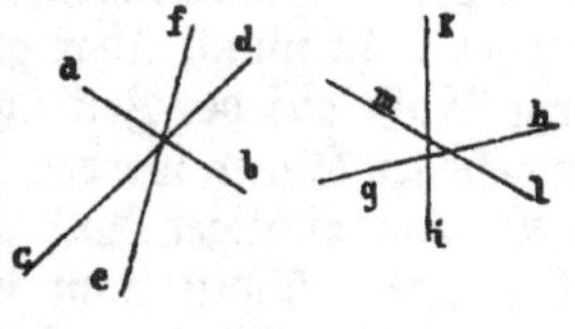

Fig. 67.

166. Auf welche Weise werden die Punkte auf dem Felde bezeichnet?

Bei der Meßtischaufnahme ist eine Bezeichnung aller Punkte durch numerierte Pfählchen, so wie ein deutliches Croquis unerläßlich. Beim Anvisieren stellt sich ein Gehülfe mit einer Meßfahne der Reihe nach auf die ihm vorher angegebenen Punkte und geht davon ab, sobald ihm vom Tische aus ein verabredetes Zeichen gegeben wird. Um sich hierbei noch zu versichern, daß der Gehülfe beim Ablaufen keine Nummer übersehen hat, läßt man ihn auf allen Nummern, die mit 0 oder 5 enden, ein Zeichen mit der Fahne geben.

167. Welche Vorsicht ist bei der Wahl einer Standlinie zu gebrauchen?

Erstes Erfordernis einer Standlinie ist möglichst horizontale Lage. Sodann muß sie hinreichend lang sein, freie Umsicht gewähren und so liegen, daß sich die Visierlinien gut schneiden. Weil auf ihre Länge die Richtigkeit der Aufnahme hauptsächlich ankommt, ist es anzuraten, sie zweimal zu messen. Erlaubt die Örtlichkeit nicht, eine hinreichende Standlinie zu wählen, so mißt man noch eine zweite, die man durch Anvisieren oder Abschneiden mit der ersten in Verbindung bringt.

168. Was ist eine Revisionslinie?

Weil bei der sorgfältigst ausgeführten Vermessung doch leicht Fehler einschleichen können, so ist jedesmal nach Vollendung einer Aufnahme eine Prüfung derselben vorzunehmen. Dies geschieht am leichtesten dadurch, daß man eine oder einige, vorher nicht unmittelbar gemessene, Linien nachmißt und mit dem Maße auf der Zeichnung vergleicht. Diese zur Prüfung gemessenen Linien werden Revisionslinien genannt. Um sich z. B. von richtiger Aufnahme der Figuren 65 und 66 zu überzeugen, könnte man in ersterer die Diagonale G D und in der andern die Diagonale C G nachmessen. Falls ihre auf dem Felde gefundene Länge mit der auf dem Papiere gemessenen übereinstimmt, kann man annehmen, daß kein Vermessungsfehler vorgekommen ist; im andern Fall ist mit Bestimmtheit auf Fehler zu schließen, welche sofort aufgesucht und verbessert werden müssen.

169. Wie ist bei Aufnahme einer Waldparzelle zu verfahren?

Es ist hier das sogenannte Umziehen oder Stationieren anzuwenden, welches nach Fig. 68 auf folgende Weise ausgeführt wird. Zuerst ist die Parzelle durch möglichst lange Stationslinien A B, B C 2c. zu umziehen, die man häufig durch geringes Lichten des Unterholzes merklich vergrößern kann, und dann das Maß aller dieser Linien mit der Kette genau zu bestimmen. Sodann wird die Mensel in A aufgestellt, nach B und F visiert und die betreffenden Maße aufgetragen, wobei nie zu vergessen ist, die Visierlinien stets am Rande der Blanchette anzugeben (Fr. 162). Nun wird der Tisch in B aufgestellt, die Linie b a nach A orientiert, das Lineal an b gelegt, nach C visiert, die Linie c d gezogen und ihr Maß aufgetragen. Auf diese Weise fährt man fort bis zum

Punkte D. Hat man hier nach C orientiert, DE anvisiert und aufgetragen, so ist die Linie EF von selbst bestimmt; man mißt sie jedoch auf dem Papiere auch, um ihre Übereinstimmung mit dem auf dem Felde gefundenen Maße zu vergleichen.

170. Wie werden die neben den Stationslinien befindlichen Grenzpunkte bestimmt?

Einfach durch Einmessen nach Perpendikeln, welches gleich beim Einmessen der Stationslinien geschieht. Das Auftragen

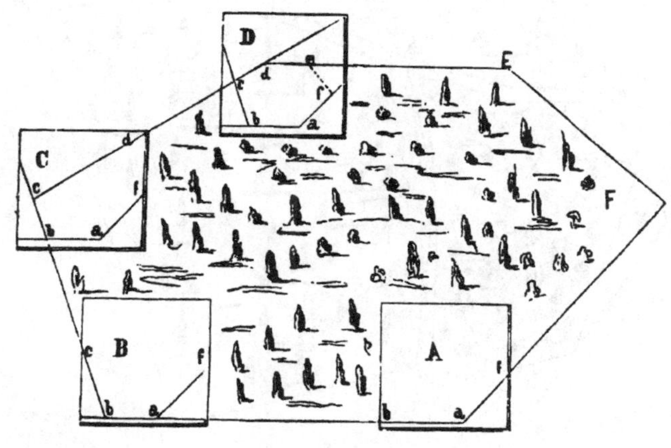

Fig. 68.

selbst wird am besten sogleich bei der Meßtischaufnahme an Ort und Stelle vorgenommen, weil Unrichtigkeiten sich sofort zeigen und eine Nachmessung ohne großen Zeitverlust augenblicklich vorgenommen werden kann.

171. Wie ist das Verfahren, wenn der Wald von Wegen durchschnitten wird?

In solchen Fällen, welche dem Vermesser nur lieb sein müssen, fängt man die Aufnahme von der Mitte der Figur aus an. Vom Punkte A Fig. 69 wird B, D, E anvisiert, von B und E durch Stationieren C und F bestimmt und nun längs des Umfanges fortgearbeitet. Auf diese Weise erhält man eigentlich drei kleinere Figuren und das Vorkommen der Fehler ist sehr vermindert. Überhaupt ist das Umziehen mit aller zugebotestehenden Aufmerksamkeit auszuführen, wenn ein Schließen der Figur erfolgen soll.

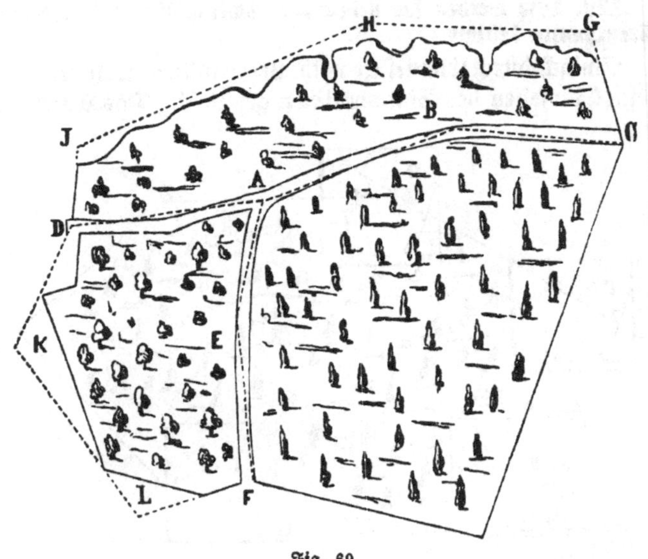

Fig. 69.

172. Im Falle nach Vollendung der Aufnahme die Figur nicht schließt, auf welche Weise läßt sich untersuchen, an welchem Stationspunkte ein Fehler begangen wurde, und wie läßt er sich korrigieren?

Im Falle die Figur nicht schließt, d. h. wenn der letzte Punkt A' Fig. 70 nicht auf A fällt und nur auf einer Station gefehlt wurde, läßt sich dieser Punkt auf folgende Weise finden. Man suche mittels des Zirkels einen Standpunkt, welcher von A und A' gleiche Entfernung hat — hier E —, und sobald man einen solchen findet, wurde bei ihm gefehlt. Nun zieht man von diesem Punkte die Linien E A, E A', fällt von F' und G' Perpendikel auf E A' und trägt diese auf E A über, wodurch die richtige Lage von F, G gefunden und die Figur zum Schlusse gebracht wird. In den meisten Fällen wird man jedoch beim Nichtschließen der Figur die ganze Arbeit noch einmal vornehmen müssen und ist deshalb das Umziehen nur in ganz notwendigen Fällen vorzunehmen.

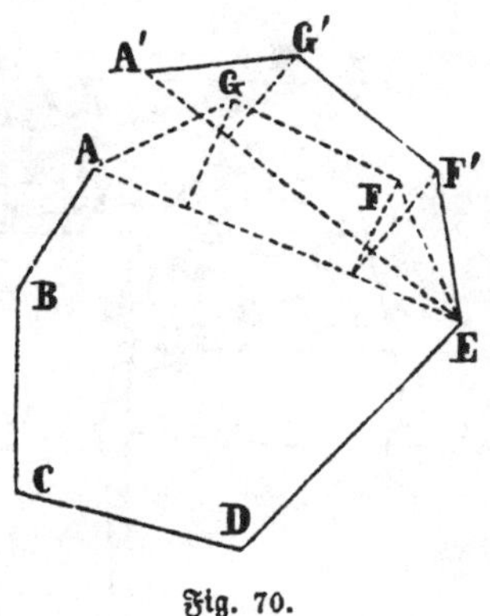

Fig. 70.

173. Wie werden sehr verwickelte Gebändekomplexe aufgenommen?

Ebenfalls durch Stationieren und zwar, wo möglich, von der Mitte aus. Die Zaun- und Wegecken, einzelnen Gebäude, Grenzsteine und andere zu bemerkende Objekte werden sodann entweder durch Perpendikel eingemessen oder durch Anvisieren und Messen Fr. 163, oder endlich durch Abschneiden Fr. 164 bestimmt.

174. Wie ist ein größeres Grundstück zur Vermessung zu präparieren?

Durch Legung eines sogenannten Netzes. Ist z. B. Fig. 71 S. 82 das zu vermessende Grundstück, so stellt man an passenden Punkten I, II, III ꝛc. Stangen — Signale — auf und versieht sie oben, um sie besser zu erkennen und um sie nicht mit anderen, zufälligen Objekten zu verwechseln, mit Strohwischen. Nun mißt man die Standlinie I, II, und schneidet von hier aus alle übrigen Netzpunkte an. Alle Schnitte müssen sehr gut sein und wo es geht ist jedes Signal zweimal zu schneiden. Die Linie IV, VII muß wegen des Waldes gemessen werden, wenn das Signal VII nicht von V, VII, VI aus sichtbar ist und geschnitten werden kann. Der eine Giebel des Wohnhauses oder eine Esse läßt sich ebenfalls als Signal benutzen, wie auch ein einzelner oder sonst sich auszeichnender Baum. Die erhaltenen Netzpunkte lassen sich nun größtenteils als

Standpunkte benutzen, sie dienen aber auch zur Kontrolle der richtigen Arbeit, weil sie von anderen Standpunkten anvisiert mit ihren Punkten auf dem Tische übereinstimmen müssen, wenn der Meßtisch richtig orientiert und die Arbeit sonst richtig ist. Die Einarbeitung des Details geschieht sodann nach den bekannten Methoden.

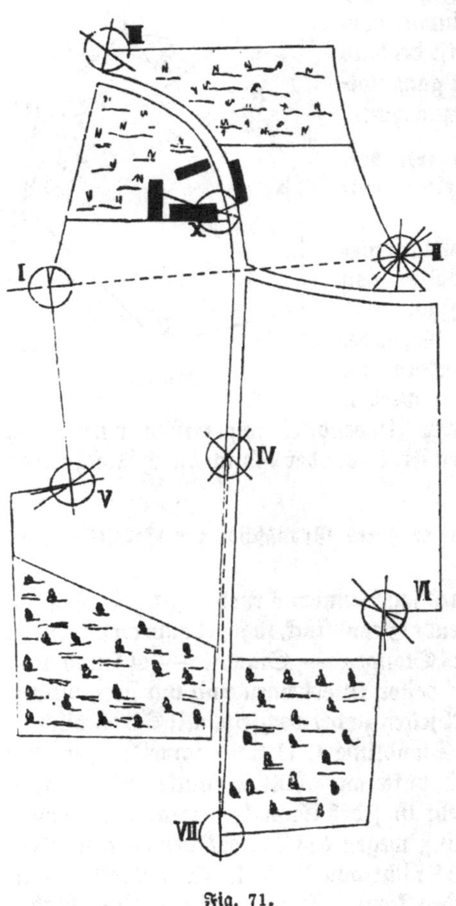

Fig. 71.

175. Was wird unter der Boussole verstanden?

Die Boussole ist eine, in eine Messingkapsel eingeschlossene, durch ein Deckglas geschützte Magnetnadel. Die Kapsel enthält einen geteilten Kreis und ihr Fuß ist, dem besondern Zwecke der Boussole angemessen, verschieden konstruiert. Die Feldmesserboussole ist gewöhnlich auf einem Rechtecke von Messing befestigt, welches zuweilen auch mit Diopteru versehen wird.

176. Ist die Boussole zur Vermessung zu empfehlen?

Nein! Denn nicht nur, daß die Magnetnadel in unseren Gegenden bei weitem nicht nach dem wahren Nord zeigt — sie weicht nahezu $^2/_9$ des rechten Winkels nach West ab —, so ist auch diese Abweichung zu verschiedenen Jahres- und Tageszeiten nicht gleich, wie auch Gewitter und andere elektrische Lufterscheinungen, die Nähe von Eisensteinlagern und eisernen Geräten u. s. w. störend auf sie einwirkt, abgesehen davon, daß sie wegen Kleinheit ihrer Kreisteilung nie große Schärfe im Messen der Winkel zuläßt. Was sie also an Bequemlichkeit gewährt, geht an Zuverlässigkeit zehnfach verloren; letztere aber ist erstes Erfordernis der Feldmesserarbeiten. Bei größeren Waldvermessungen ist jedoch eine Orientierungsboussole, welche nur die Nordlinie anzeigt, nicht ganz zu verwerfen, weil man durch sie von Zeit zu Zeit prüfen kann, ob keine groben Orientierungsfehler vorgekommen sind.

Sechster Abschnitt.

Das Teilen der Figuren.

177. Wann kommt die Lehre vom Teilen der Figuren beim Feldmessen vor?

Sie kommt namentlich vor bei Abgrenzung von Kultureinteilungen, Geradelegen und Berichtigen von Rainungen, Austausch von Flurstücken und bei Dismembrationen.

178. Wie wird die Teilung hauptsächlich ausgeführt?

Durch Berechnung und Zeichnung auf dem Grundrisse, wonach sodann die gefundenen Punkte aufs Feld übertragen werden. Jeder einigergestalt wesentlichen Teilung muß deshalb eine genaue Vermessung und Verzeichnung nach thunlichst großem Maßstabe vorhergehen.

179. In Fig. 72 soll ein Parallelogramm von bestimmtem Flächeninhalte und an der Linie a b liegend abgeschnitten werden; wie ist zu verfahren?

Zunächst wird die Breite des Parallelogramms berechnet, auf der Grundlinie a b Fig. 72 zwei Senkrechte c d, h i errichtet, diese so lang gemacht, als die berechnete Breite verlangt, und sodann die Teillinie e f durch d und i gezogen. Will man nur eine Senkrechte errichten, so zieht man b e parallel zu a b. Trägt man endlich die Weiten a e, b f auf die Flur über, so ist die Teilung vollzogen.

180. Angenommen, a b Fig. 72 messe 23 m und es sollen parallel 105,8 □m abgeschnitten werden. Wie breit wird der Abschnitt sein müssen?

Die Fläche 105,8 □m durch die Länge a b = 23 m dividiert, giebt 4,6 m zur gesuchten Breite. Werden beliebig

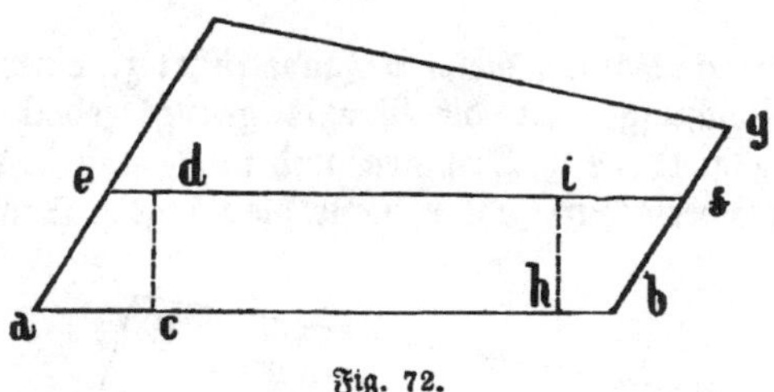

Fig. 72.

die Senkrechten c d, h i gezogen und 4,6 m lang gemacht, so giebt die durch die Endpunkte d i gezogene Linie e f die gesuchte neue Grenze.

181. Von einem Dreiecke soll ein anderes von bestimmtem Inhalte abgeschnitten werden; wie ist zu verfahren?

Es sei a b c Fig. 73 das gegebene Dreieck, a die Spitze und a b eine Seite des abzuschneidenden Stückes. Die Grundlinie

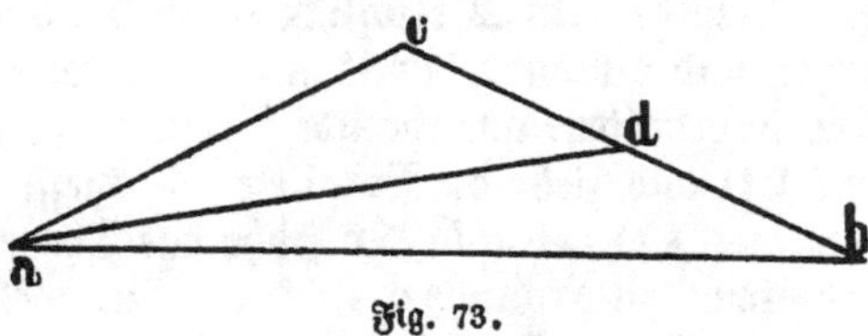

Fig. 73.

a b halte, Beispiels halber, 29,4 m und das abzuschneidende Stück soll 58,8 □m haben. Mit der Länge 29,4 in die doppelte Fläche des Trennstücks, d. i. in 2 × 58,8 oder in 117,6 dividiert (Fr. 72) giebt 4 m zur Breite des abzuschneidenden Dreiecks. Diese 4 m werden senkrecht auf a b aufgetragen, und da, wo eine durch sie gezogene Parallele die Linie b c schneidet, die Grenzlinie a d gezogen. Das Dreieck a b d hat, nach obigem, 29,4 m Länge und von a b, senkrecht auf d, 4 m Breite oder $\frac{1}{2} \times 4 \times 29{,}4 = 58{,}8$ □m Flächenraum.

182. Von der Figur ABCD Fig. 74 soll ein Trapez AcdD von bestimmtem Inhalte abgeschnitten werden; wie ist zu verfahren?

Die direkte Lösung dieser Aufgabe führt zu einer quadratischen Gleichung, für die Praxis genügt jedoch folgende Näherungsmethode vollkommen, und wird auch in der Regel stets danach verfahren. Man messe die Länge A D und nehme

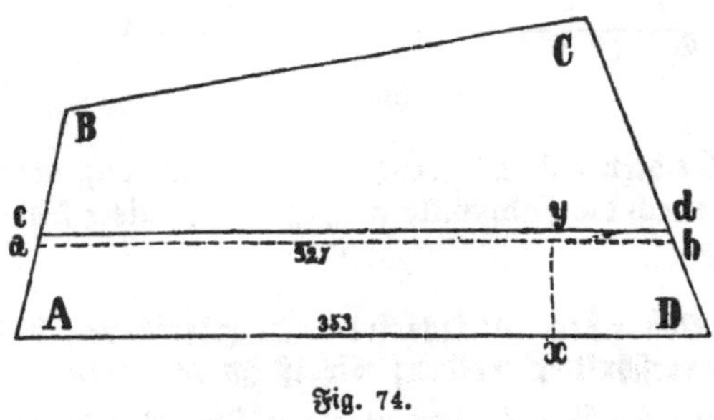

Fig. 74.

sie etwas knapp, wenn die Seiten zusammenlaufen, wie in dieser Figur, hingegen etwas reichlich, wenn die Seiten auseinandergehen, und dividiere damit in den gegebenen Flächeninhalt. Die so erhaltene annähernde Breite trage man nach Fr. 179 auf A D und ziehe die Parallele a b, messe diese und berechne nun aus A D, a b und der Höhe das Trapez A a b D. Dieses wird etwas zu groß oder zu klein sein, weshalb ein kleines, für ein Rechteck zu achtendes Trapez a b c d abgenommen oder zugesetzt werden muß. Um dessen Breite zu finden, dividiere man mit a b in den Unterschied des gegebenen und des gefundenen Trapezes. Diese Breite wird nun von a nach B oder A getragen, jenachdem die Figur zu klein oder zu groß war, und endlich die Grenzlinie c d gezogen, wodurch die Aufgabe gelöst ist. Will man sehr genau verfahren, so berechnet man nun das Trapez AcdD, um es nötigenfalls noch etwas korrigieren zu können; das hier angewendete einmalige Verfahren wird aber in den meisten Fällen genügen.

183. Wie wird ein in Zahlen gegebenes Beispiel in der Berechnung stehen?

Die Seite AD messe 353 m und das abzuschneidende Trapez solle 17 616 □m enthalten.

350 | 17600 = 50 m annähernde Breite.
175
10

Diese nach xy getragen und ab gezogen, ergiebt für letztere Linie 327 m, und der Inhalt des Trapezes AabD ist nun

353
327
680 × 50
2) 34000
17000 □m.

Das abzuschneidende Stück soll sein 17616 —
AabD ist nur 17000
also um 616 zu klein.

Nun ist 327 in 616 = 2 m, um welche xy länger zu machen ist, und AcdD wird dem gesuchten Trapeze sehr nahe kommen.

184. In Fig. 75 sind die beiden Grundstücke I und II durch den gebrochenen Rain abcdef getrennt. Beide Besitzer wollen ihn geradelegen, wie kann dies vollzogen werden?

Am bequemsten und mit völlig genügender Schärfe nach dem in Fr. 182 angegebenen Verfahren. Zuerst legt man hierzu nach ungefährer Bestimmung die Linie gh als annähernde Rainlinie und nimmt sodann die ganze Berainung auf. Sodann berechnet man die abgeschnittenen Figuren 1, 2, 3 und 4, um zu sehen, welcher Besitzer nach der projektirten Linie zu kurz kommt. Beispielshalber enthalte 1 =

279; 2 = 314; 3 = 641; 4 = 409 □m, so tritt der Besitzer von I zusammen die Figuren 1 und 3, d. i. 279 + 641 = 920 □m ab und empfängt dafür von II die Figuren 2 und 4, d. i. 314 + 409 = 723 □m, verliert also 920 — 723 oder nahe 200 □m. Nun messe g h = 294 m,

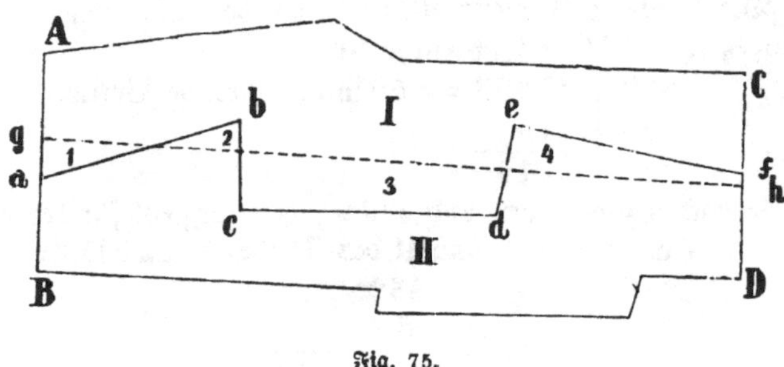

Fig. 75.

so hat I einen Streifen von 200 dividiert durch 294 oder $^2/_3$ m Breite von II zu erhalten, und um diese $^2/_3$ m ist von h nach D und von g nach B zu rücken, wo dann der Rain gerade liegt und jeder Besitzer seine vorige Fläche wieder hat.

185. Um einen Garten von 420 Ar Fläche zu kaufen, gab A. 180 Mark, B. 210 Mark, C. 270 Mark, D. 225 Mark. Wie viel vom Garten bekommt ein jeder?

Der ganze Garten kostet 885 Mark und hat 42 000 □m. Für drei Mark erhält man also 42 000 dividiert durch 295 oder 242 $^1/_3$ □m nahe. Es haben demnach, weil sich 180, 210, 170, 225 wie 60, 70, 90, 75 verhalten, zu beanspruchen:

A.	60 × 142 $^1/_3$	oder	8540 □m
B.	70 × 142 $^1/_3$	„	9963 „
C.	90 × 142 $^1/_3$	„	12810 „
D.	75 × 142 $^1/_3$	„	10700 „
		Summa	42013 □m

oder um 13 □m zu groß, welche sich leicht verteilen lassen.

186. Nun sei abcdefg Fig. 76 der zu teilende Garten und die Teilung solle so erfolgen, daß die Rainlinien senkrecht auf ag stehen und die Teile der Reihe nach von a nach g gehen; wie ist die Teilung vorzunehmen?

Zuerst zerfälle man die Figur durch die in derselben punktierten, auf ag gezogenen Senkrechten al, kc, id, he, gm in

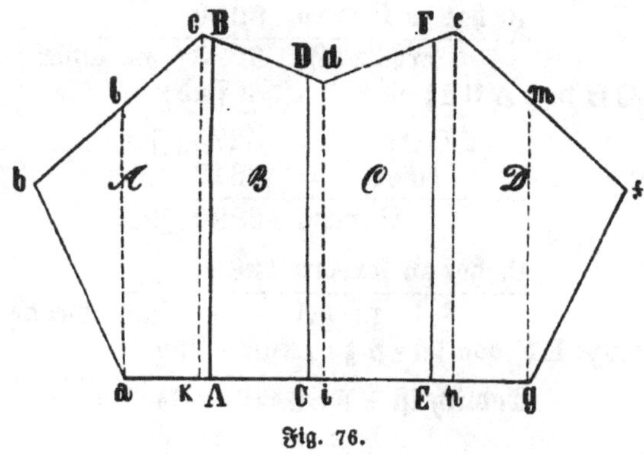

Fig. 76.

Trapeze und Dreiecke und berechne sie. Nun sei gefunden worden:

abl = 2440 □m
alck = 4120 „
kcdi = 15210 „
ideh = 9617 „
hemg = 8615 „
gmf = 1998 „

Summa 42000 □m, wie oben.

Weiter hat A. nach Verteilung der 13 zu viel berechneten Quadratmeter, von denen A = 3, B = 3, C = 4 und D = 3 abgezogen worden, zu verlangen 8537 □m.

abl ist aber = 2440 □m
alck „ „ = 4120 „

Summa 6560 □m
ab von . . . 8537 „

zu wenig 1977 □m, welche nach

Frage 182 von k c d i abzuschneiden sind, wonach A B die erste Rainlinie wäre.

Von k c d i = 15210 □m
ab obige 1977 „
Rest = 13233 □m
B. hat zu fordern 9960 „
erhält also 3273 □m zuviel, welche durch C D von A B d i abzuschneiden sind;

zu C D d i = 3273 □m
i d e h = 9617 „
Summa 12890 □m
C. hat zu fordern 12806 „
zu viel 84 □m, welche durch die Grenze E F von i d e h zu trennen sind.

Endlich ist E F e h = 84 □m
h e m g = 8615 „
g m f = 1998 „
Summa 10697 □m, als Anteil von D., womit die Aufgabe gelöst ist.

187. Fig. 77 ist das Bild einer, durch den Wirtschaftsweg x y getrennten, Feldparzelle. Sie soll senkrecht auf den Weg in drei gleiche Kulturen geteilt werden; wie ist die Teilung zu vollziehen?

Weil hier der Weg gerade ist und gleiche Breite hat, so wird er nicht besonders berücksichtigt, sondern mit zum Felde gerechnet. Dasselbe geschieht in der Regel auch bei krummen Wegen, weil ihre Fläche nicht sehr groß ist und sie gleich den anliegenden bebauten Flurstücken versteuert werden müssen. Zur Ausführung wird nun zuerst die Figur durch auf den Weg gezogene Senkrechte in die Dreiecke und Trapeze a bis l zerlegt, diese Figuren einzeln berechnet und sodann die Teilung ganz nach vorigem Beispiel vorgenommen.

188. Bei einer Erbregulierung fällt eine Hypothek auf drei Erben, und zwar so, daß A. 647,15 ℳ, B. 675,50 und C. 720,06 ℳ davon zu fordern hat. Der Schuldner tritt dafür eine Feldparzelle von 850 □m Fläche ab, welche die Erben nach Verhältnis ihrer Ansprüche teilen. Wie viel hat jeder zu bekommen?

Nach der Gesellschaftsrechnung findet sich:

A. bekommt	647,15 × 0,416	=	269,214 □m
B. „	675,50 × 0,416	=	281,008 „
C. „	720,06 × 0,416	=	299,545 „
	2042,71	=	849,767 □m.

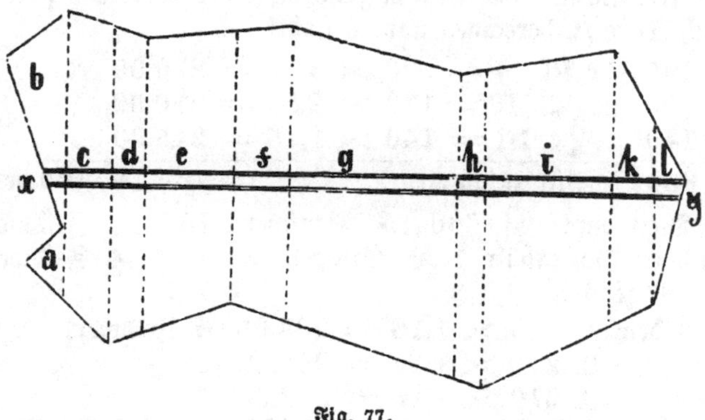

Fig. 77.

(Auf 2042,71 Teile kommen 850 □m, mithin 0,416 □m auf 1 Teil.) Es fehlen mithin nur 0,233 □m an der ganzen Fläche, welche Differenz nicht vorgekommen wäre, hätte man eine Decimale mehr berechnet. Sie ist aber leicht auszugleichen, wenn dem A. 0,105; dem B. 0,106 und dem C. 0,122 □m mehr gerechnet werden.

189. Wie ist die Rechnung zu führen, wenn außer dem Flächeninhalte auch die Bodengüte berücksichtigt werden soll?

Durch ein Beispiel wird das nötige Verfahren am deutlichsten werden.

Eine Feldparzelle enthält 90 □m I. Klasse; 100 □m II. Klasse; 140 □m III. Klasse, und es sei der Wert eines Quadratmeters von Klasse I. auf 3 ℳ, von Klasse II. auf 2,50 ℳ und von Klasse III. auf 1,75 ℳ taxiert worden. Dieses Feld wird für 660 ℳ an A., B. und C. verkauft und es tragen zur Kaufsumme bei: A. 180 ℳ, B. 210 ℳ, C. 270 ℳ. Sie wollen auch das Feld nach diesem Verhältnisse unter sich teilen, wobei noch folgendes festgesetzt wird. A. empfängt seinen ganzen Anteil von Klasse I., B. nimmt den Rest dieser Klasse und die Ergänzung aus Klasse III., C. endlich empfängt die ganze II. und den Rest der III. Klasse. Es ist nun zuvörderst der Wert des Feldes nach Taxe zu berechnen und es findet sich

90 □m Kl. I	= 90 × 3	= 270,00 ℳ
100 „ „ II	= 100 × 2,5	= 250,00 „
140 „ „ III	= 140 × 1,75	= 245,00 „
330 □m für zusammen	....	= 765 ℳ Feldwert.

Weil nun auf 660 ℳ Kaufwert 765 ℳ Feldwert kommen, so erhält 1 ℳ Kaufgeld = 1,16 ℳ Feldwert und es gehören

dem A.	180 × 1,16	= 208,65 ℳ Feldwert
„ B.	210 × 1,16	= 243,42 „ „
„ C.	270 × 1,16	= 312,93 „ „
		765,00 ℳ Summe, w. o.

A. empfängt also für 208,65 ℳ von Kl. I. oder 69,55 □m und es bleiben noch für 61,35 ℳ von dieser Klasse übrig.

B. erhält den Rest von I. oder für	61,35 ℳ
hat aber zu verlangen für	243,42 „
es fehlen also noch für	182,07 ℳ

die ihm aus Klasse III. zufallen, was, das □m zu 1,75 ℳ = 104,04 □m beträgt, wonach er also wirklich erhält:

20,45 □m von Kl. I.	à 3 ℳ	= 61,35 ℳ
104,04 „ „ „ III.	à 1,75 „	= 182,07 „
124,49 □m im Feldwerte von	....	= 243,42 ℳ

C. endlich empfängt:

100,00 □m als Kl. II. à 2,5	ℳ	=	250,00	ℳ
35,96 „ von „ III. à 1,75	„	=	62,94	„
135,96 □m zum Werte von			312,94	ℳ

190. Genügen die vorstehend angegebenen Regeln über Felderteilung für unsern Zweck?

Ja! In den für gewöhnlich vorkommenden einfachen Fällen sind sie völlig hinreichend und ein jeder, der das hier Gelehrte vollkommen begriffen, wird auch mit Leichtigkeit imstande sein, kleine Teilungen mit Sicherheit auszuführen. Bei größeren Zusammenlegungen werden jedoch noch andere Vorkenntnisse erfordert; da aber derartige Arbeiten von zu großer Wichtigkeit sind, wird bei ihnen stets ein Feldmesser von Fach zugezogen werden.

Siebenter Abschnitt.

Das Höhenmessen und das Nivellieren.

---

191. Was wird unter dem Höhenmessen verstanden und in welchen Fällen wird es angewendet?

Unter dem Höhenmessen versteht man die Bestimmung, wie groß der Unterschied der Erhebung zweier Punkte über eine gewisse horizontale Ebene ist. Im engern Sinne sucht man nur, um wie viel sich ein Punkt in senkrechter Richtung über einen andern erhebt. Die Anwendung des Höhenmessens ist beim Elementarfeldmessen sehr beschränkt, und weil hierbei noch keine allzugroße Schärfe verlangt wird, so genügen ganz einfache Instrumente zu seiner Ausführung. Beispiele seiner Anwendung sind die Bestimmung der Länge eines stehenden Baumes oder der Höhe eines Bauwerkes.

192. Wie ist das Meßbrett beschaffen?

Es besteht aus einem quadratförmigen Brette von ungefähr 20 Centimeter Seite und 1 Centimeter Dicke, welches auf der Vorderfläche mit Papier bespannt ist, während inmitten der Rückfläche, bei C Fig. 78, eine Handhabe angeschraubt werden kann. Auf die Papierfläche wird ein genaues Quadrat m n o p gezeichnet und dessen beide Seiten m n, n o jede in 100 gleiche Teile zerlegt und von 10 zu 10 so beschrieben, daß bei m und o Null, bei n aber 100 kommt. Im Eckpunkte p ist ein Bleilot C mittels eines Haares befestigt, so wie ferner an beiden

Seiten des Brettes, genau in der Richtung o p, zwei Diopter A, B angeschraubt sind, so daß sie sich an die Kante des Brettes umlegen lassen, wenn das Brett nicht gebraucht wird. Die Diopter haben die in der Figur ersichtliche Form; die obere Kante ist genau geradlinig und enthält einen kleinen Ansatz x, durch welchen ein feines Visierloch gebohrt ist.

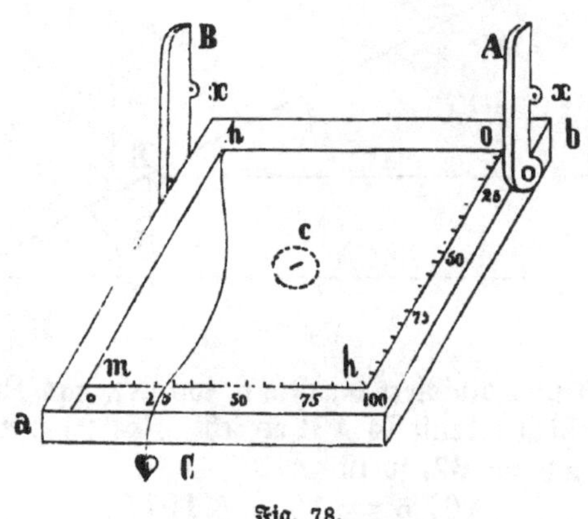

Fig. 78.

193. Wie kann mittels des Meßbrettes die Höhe AB eines Objektes Fig. 79 bestimmt werden, wenn der Boden AC horizontal liegt und das Lot auf der Skala mh Fig. 78 fällt?

Vom Standpunkte C aus wird nach der Spitze B des Objekts visiert und die Länge a b am Brette abgelesen. Mißt man die Weite CA, so findet sich die Höhe BD, wenn man CA durch ab multipliziert und das Produkt durch 100 dividiert. Hierzu die Höhe des Auges über dem Boden = CE = AD addiert, giebt die gesuchte Höhe AB. Es sei z. B. AC = 76 m, ab = 47, so ist

$$BD = \frac{47 \times 76}{100} \text{ oder } 35{,}72 \text{ m.}$$

Hierzu die Höhe des Auges EC = 1,95 „

giebt die ganze Höhe zu 37,67 m.

194. Wie ist das Verfahren, wenn das Bleilot, wie in Fig. 80, auf der Skala h o Fig. 79 liegt?

Nachdem man vom Standpunkte C ebenfalls nach B visiert, a b abgelesen und A C gemessen hat, multipliziert man A C

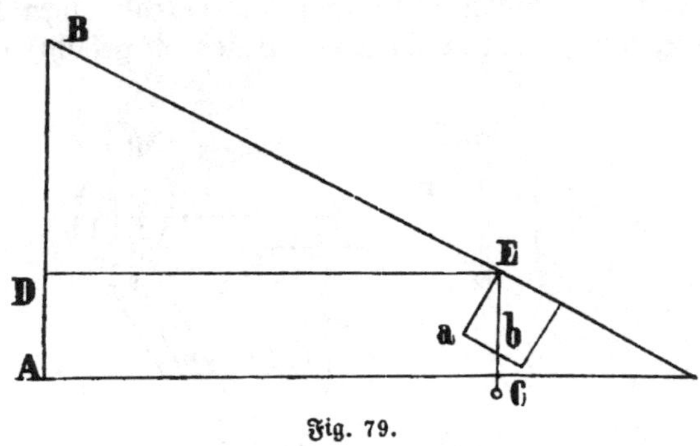

Fig. 79.

durch 100 und dividiert durch a b, wo sich, nach Zurechnung der Augenhöhe, ebenfalls A B ergiebt. Es sei z. B. A C = 107,5 m, a b = 67, so ist

$$BD = \frac{107{,}5 = 100}{67} = \frac{10750}{67} \text{ oder } 160{,}45 \text{ m.}$$

Hierzu die Augenhöhe A D oder 1,85 „

Höhe von A B ist gleich 162,3 m.

195. Der Boden a d Fig. 81 ist geneigt; auf welche Weise kann b d bestimmt werden?

Nach der Messung der horizontalen Weite a c (Fr. 99) visiere man von a nach b, so wie horizontal nach c. Letzteres geschieht, wenn das Lot auf Null der Skala m n Fig. 78 steht. Die Höhe c d wird nicht groß sein, und sich so messen lassen, das Stück b c aber wird nach Fr. 193 oder 194 bestimmt. Werden endlich c d und b c addiert, so erhält man die gesuchte Höhe.

196. In Fig. 82 steigt der Boden von d nach b; wie ist hier die Höhe von a c zu suchen?

Zuerst bestimme man nach Fr. 99 die horizontale Weite a d, visiere von d nach b und c, und berechne nach Fr. 193

und 194 die Höhen ac, ab. Wird nun ab von ac abgezogen, so bleibt die gesuchte Höhe bc zum Reste.

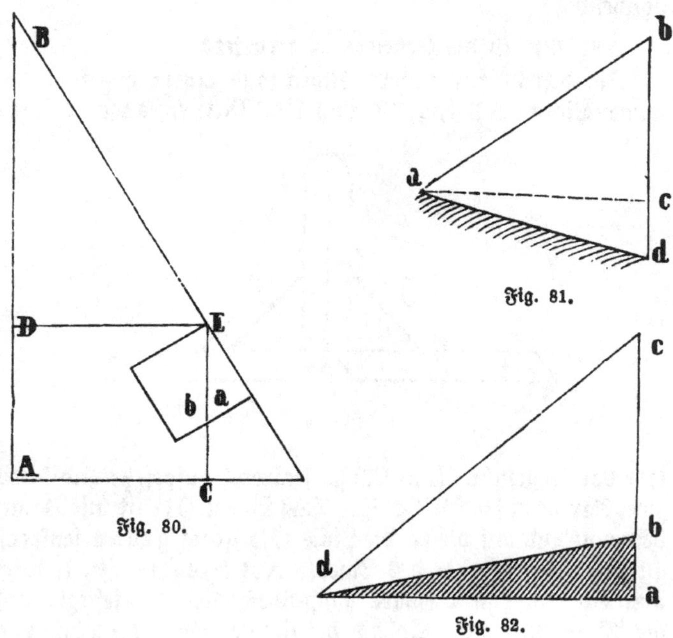

Fig. 80.

Fig. 81.

Fig. 82.

197. Was wird unter dem Nivellieren verstanden und wozu dient es?

Das Nivellieren ist ebenfalls eine Höhenmessung, doch dient es nur zum genauen Bestimmen kleiner Höhenunterschiede, so wie zum Abstecken ganz horizontaler Linien. Seine Anwendung ist häufig und von großer Wichtigkeit fürs Leben, namentlich zur Anlegung von Gräben, Be- und Entwässerungen, Drainierungen, Wegen u. s. w.

198. Welches sind die einfachsten, zum Nivellieren brauchbaren Werkzeuge?

Außer dem Meßbrette zu kleinen Nivellements, die Setzwage, vorzüglich aber eine, mit einer röhrenförmigen

Wasserwage versehene Diopter. Überdies sind zum Nivellieren noch Pfähle, einige Latten und vorzüglich eine Visierlatte notwendig.

199. Wie ist die Setzwage eingerichtet?

Sie besteht für unsern Zweck aus einem ungefähr 1 m langen Lineale AB Fig. 83, in dessen Mitte ein anderes Lineal

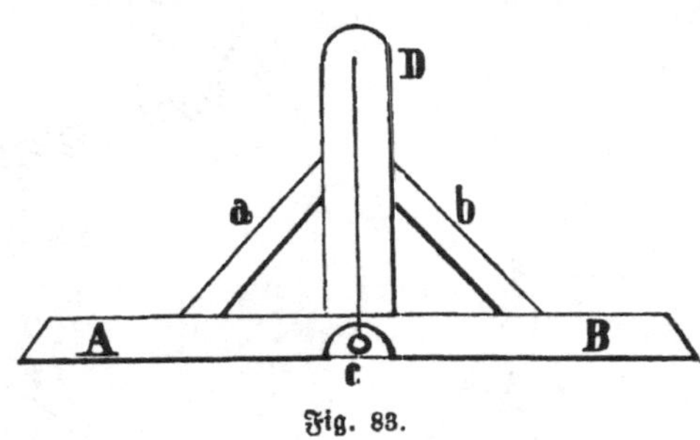

Fig. 83.

CD von ungefähr $1/2$ m Länge senkrecht aufgesetzt und durch zwei Streben a, b befestigt ist. Das Lineal CD ist mit Papier bespannt und auf diesem die Linie CD *ganz genau* senkrecht auf die untere Kante des Lineals AB gezogen. In D wird nun ein, an einem Haare hängendes Bleilot befestigt, und die Wage ist fertig. Sobald bei ihr das Haar die Linie CD deckt, ist die Linealkante AB horizontal.

200. Auf welche Weise läßt sich das Meßbrett als Nivellierwerkzeug gebrauchen?

Dadurch, daß man seine Handhabe wie in Fig. 84 einrichtet. Ein, am äußersten Ende B mit einer Holzschraube und bei A mit einer gewöhnlichen Schraube versehener Stift ist in eine Platte eingenietet, welche durch Holzschrauben an die Hinterfläche des Brettes befestigt wird. Beim Gebrauch zum Höhenmessen wird die bei C im Durchschnitte gezeichnete Handhabe angeschraubt, beim Gebrauche zum Nivellieren schraubt man aber diesen Handgriff ab, den Stift aber, wie Fig. 85 von der Seite zeigt, in einen Pfahl A, so daß das

Lot b genau auf Null der Skala m n Fig. 78 steht. In diesem Falle ist die Absehlinie der Diopter horizontal.

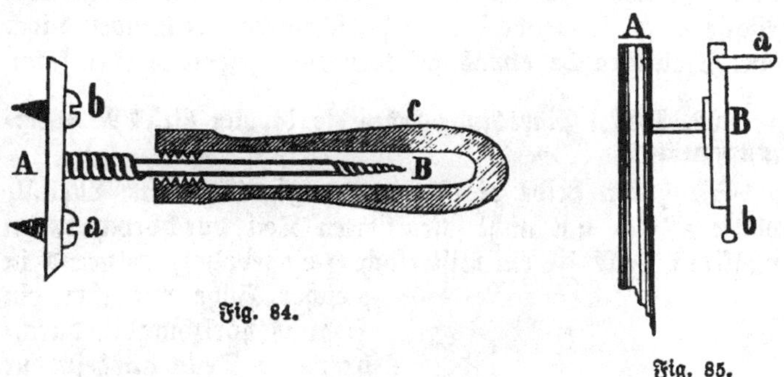

Fig. 84.

Fig. 85.

201. Welches ist die einfachste Konstruktion eines mit Wasserwage versehenen Nivellierinstrumentes?

Ein Lineal g h Fig. 86 von ungefähr 20 Centimeter Länge, 4 Centimeter Breite und 2 Centimeter Dicke trägt an seiner untern breiten Fläche einen konischen Stift i, welcher in ein leichtes, dem Meßtische ähnliches Stativ paßt, sich in einem

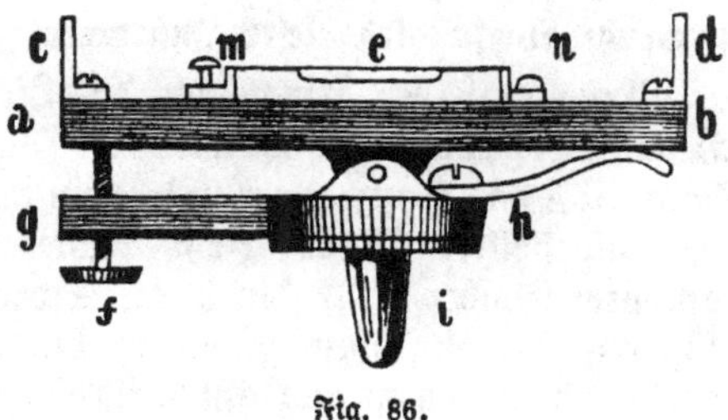

Fig. 86.

Hohlkonus um seine Axe drehen und in jeder Lage festklemmen läßt. Bei h ist ein genau schließendes Charnier angebracht, wodurch ein zweites, doppelt großes Lineal a b mit dem erstern verbunden ist und eine sanfte Bewegung auf- und niederwärts zuläßt. Durch die Schraube f können beide Lineale einander beliebig genähert werden. An den äußersten Enden des obern Lineals sind zwei Diopter c, d aufgeschraubt, und auf dessen Mitte liegt eine horizontale Wasserwage e, welche bei n festgeschraubt, bei m aber durch eine Stellschraube etwas gehoben oder gesenkt werden kann.

202. Welche Einrichtung haben die Diopter dieses Nivellierinstruments?

Sie haben beide die Form von Fig. 87. Eine Metallplatte A B ist am nicht schraffierten Teil durchbrochen, im massiven Teile ist ein Visierloch O eingebohrt, während in gleicher Höhe mit ihm ein Haar a b horizontal im durchbrochenen Teile ausgespannt wird. Die Diopter sind nicht zum Niederlegen eingerichtet und stehen so gegen einander, daß das Loch des einen mit dem Haar des andern auf der nämlichen Seite des Lineals sich befindet.

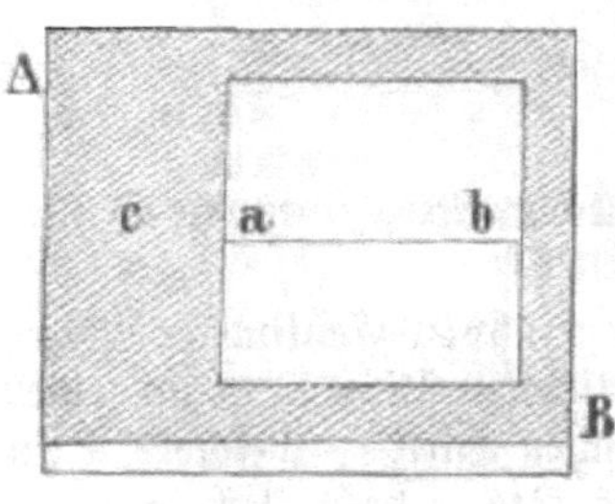

Fig. 87.

203. Auf welche Weise wird dieses Instrument justiert?

Nach Aufstellung desselben bringt man das Lineal g h in ziemlich horizontale Lage und verfährt nun, wie Fig. 88 zeigt. In dieser Figur ist A das Instrument und B ein in passender Weite davon aufgestellter Stab. Jetzt richtet man den Nivelleur nach dem Stabe, stellt durch die Schraube f das Lineal a b so, daß die Luftblase genau in der Mitte der Wasserwage steht, visiert ihn an und läßt durch einen Gehülfen an demselben genau den Punkt angeben, welchen das Haar schneidet. Ohne nun den Stand des Instruments zu verändern, wendet man es um seine horizontale Axe, so daß seine vordere Diopter zur hintern wird, läßt die Luftblase durch Stellen der Schrauben f wieder einspielen und visiert nochmals nach dem Stabe. Deckt jetzt das Haar den erstgemachten Strich wieder, so ist das Werkzeug justiert. Wenn aber beim ersten Visieren das Haar z. B. den Punkt a und beim zweiten den Punkt b abgeschnitten hätte, so halbiert man — ohne Instrument oder Stab zu verrücken — die Entfernung a b in c, geht wieder zum Nivelleur, stellt das

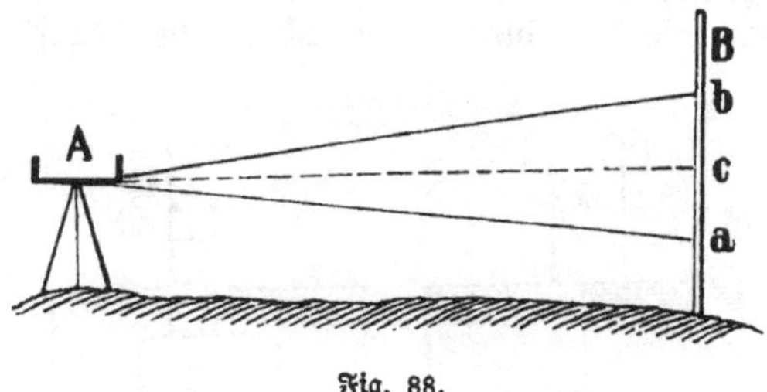

Fig. 88.

Lineal a b so, daß das Haar genau den Punkt c deckt und hebt oder senkt nun mittels der Schraube m die Wasserwage, bis die Luftblase einspielt. Nun ist das Werkzeug justiert und die Stellschraube m darf nicht wieder berührt werden.

204. Wie ist die gewöhnliche Visierlatte beschaffen?

Eine ungefähr 4 m lange Latte B, Fig. 89 a und b, ist an ihrer breiten Rückseite in Centimeter eingeteilt. Eine quadratförmige, ungefähr 25 Centimeter große Tafel A — Fig. 89 a Vorder- und Fig. 89 b Hinterseite — läßt sich an der Latte verschieben und an jeder Stelle mittels einer Preßschraube befestigen. Diese Tafel ist vorn weiß und schwarz in vier Felder geteilt, wie dies die Figur zeigt, an ihrer Rückseite ist eine durchbrochene Klammer C angebracht, welche die Latte umspannt und die Preßschraube x enthält. In der Öffnung dieser Klammer ist eine Messingplatte angebracht, welche Millimeter anzeigt und zum genauen Ablesen der gefundenen Maße dient. Der Nullstrich dieser Platte muß mit dem mitteln Querstriche an der Vorderseite der Tafel genau gleiche Höhe haben.

205. Auf welche Weise wird die Nivellierlatte angewendet?

Es solle in Fig. 90 bestimmt werden, um wie viel der Punkt b über dem Punkte d liegt. Zu dem Ende stellt man das Meßbrett oder den Nivelleur in b auf, bringt auf die erklärte Weise die Visierlinie in horizontale Richtung, läßt einen Gehülfen die Latte senkrecht vor dieselbe halten, um zu sehen, um wie viel diese Linie über dem Punkt b liegt.

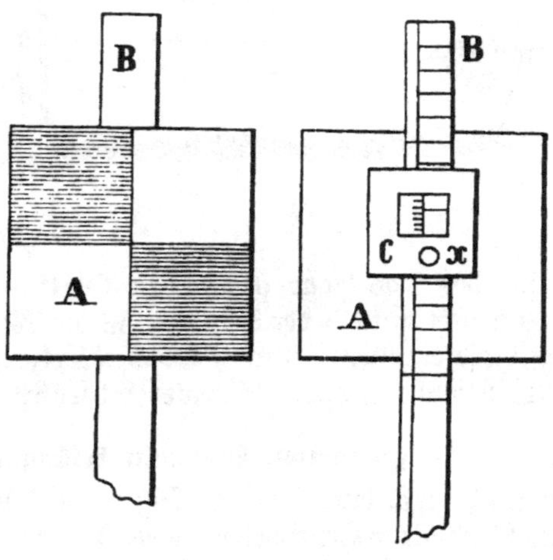

Fig. 89.

Hierauf begiebt sich der Gehülfe nach d, stellt die Latte dort senkrecht auf und verschiebt die Tafel B so hoch, bis der Querstrich von der Sehlinie gedeckt wird, in welcher Stelle er die Tafel feststellt. Das Auf- und Niederrücken der Tafel wird dem Gehülfen zugerufen oder durch Zeichen signalisiert. Ist nun der Mittelpunkt der Tafel um Bd über d, und ist die Höhe der Visierlinie um Ab = Bc über b, so ist die Erhebung von b über d = Bd — Bc = cd, oder sie wird gefunden, wenn man die Höhe des Instruments von der in d gefundenen Höhe abzieht. Um dabei den Fuß der Latte fest aufsetzen zu können, wird in jedem Aufstellpunkte ein Pfahl bis zur Erdoberfläche eingeschlagen.

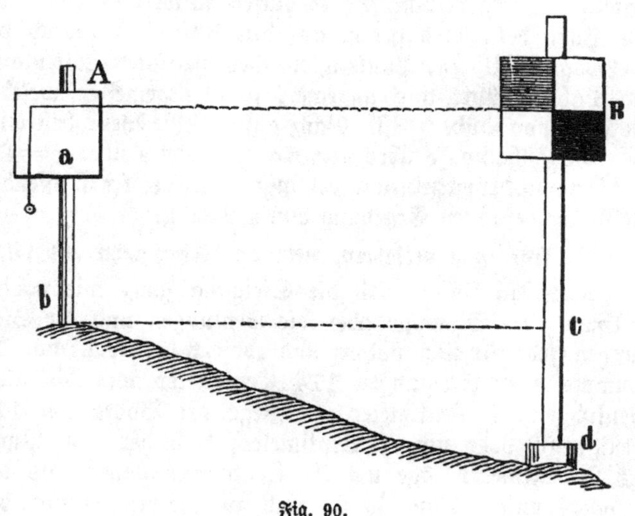

Fig. 90.

206. Auf welche Weise wird ein Nivellement mit der Setzwage ausgeführt?

Es sei Fig. 91 zu bestimmen, um wie viel der Punkt a über dem Punkte g liegt. Zu dieser Bestimmung nimmt man

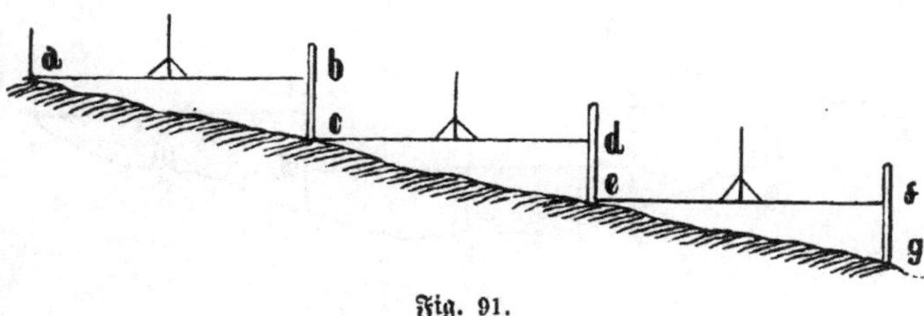

Fig. 91.

eine ungefähr 4 m lange, recht gerade Latte, legt sie mit dem einen Ende auf der hohen Kante in a auf den Boden und mit dem andern Ende läßt man sie durch einen Gehülfen an dem Pfahle b c anhalten. Jetzt wird die Setzwage auf die Latte gestellt und letztere von dem Gehülfen so weit verrückt, bis das Haar des Lotes genau auf den senkrechten Strich der Setzwage fällt. Der Punkt b, welchen die untere Lattenkante am Pfahle berührt, wird angemerkt und b c gemessen, welches die Höhe von a über C ist. Ganz auf dieselbe Weise bestimmt man die Höhe von c über e = d e, und von e über g = f g. Die Summe der einzelnen Erhebungen b c, d e, f g ist offenbar gleich der gesuchten Erhebung von a über g.

207. Wie ist zu verfahren, wenn der Boden steigt und fällt?

In diesem Falle wird die Steigung ganz wie vorhin bestimmt, im Manuale aber die Senkungen und die Steigungen, jede für sich, notiert und addiert. Betrüge nun die Summe aller Steigungen 114 Centimeter und die aller Senkungen 87 Centimeter, so stiege der Boden um 114 weniger 87 oder um 27 Centimeter, d. h. der letzte Punkt des Nivellements läge um 27 Centimeter höher, als der Anfangspunkt. Ganz so ist auch zu rechnen, wenn der Anfangspunkt höher als der Endpunkt liegt.

208. Wie wird ein Nivellement durch Meßbrett oder Nivelleur ausgeführt?

Das Verfahren ist in Fig. 92 versinnlicht, in welcher Figur x den Anfangs- und y den Endpunkt des Nivellements

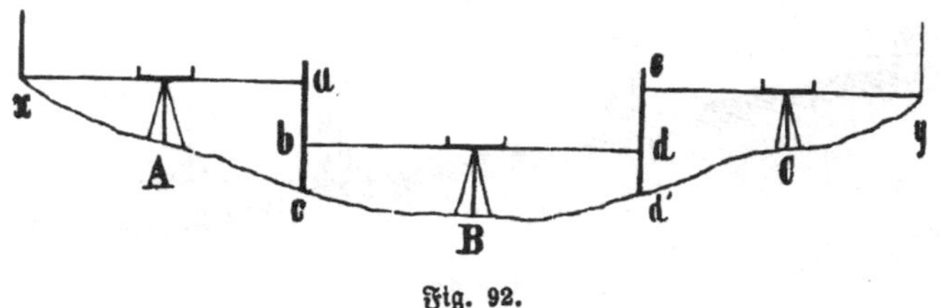

Fig. 92.

bezeichnet. Zuerst stellt man das Instrument in A auf und richtet es genau horizontal. Sodann läßt man den Gehülfen mit der Nivellierlatte nach x gehen und visiert dort die Tafel an. Nachdem dies geschehen, begiebt sich der Gehülfe nach c, im Vorbeigehen aber notiert man das in x erhaltene Maß. In c wird wieder anvisiert, der Gehülfe bleibt stehen, man begiebt sich aber mit dem Instrument selbst nach B, im Vorbeigehen bei c das Maß aufschreibend. In B wird das Instrument wieder aufgestellt und nach c visiert; sodann geht der Gehülfe nach d, wo man wieder anvisiert, sich sodann in C aufstellt, rückvisiert und abwechselnd bis zur Beendigung des Nivellements fortfährt. Das letzte Anvisieren muß vorwärts geschehen, weil man dann nicht nötig hat, die Erhebung der Visierlinien über dem Boden anzugeben.

209. Wie ist das Manual bei einem solchen Nivellement zu führen?

Die Einrichtung des Manuals ist ganz einfach und enthält nur drei Rubriken, die eine für die Standpunkte, die zweite für die beim Rückvisieren und die dritte für die beim Vorwärtsvisieren erhaltenen Maße. Für etwaige Bemerkungen kann man noch eine vierte Rubrik beifügen. Diese Einrichtung zeigt folgendes Schema:

Standpunkt.	Rückvisiert. Centim.	Vorwärtsvisiert. Centim.	Bemerkungen.
1.	31,17	57,19	
2.	24,71	69,13 *)	*) Sohle des Stollens.
3.	98,83	121,21	
4.	7,24 †)	24,03	†) Spiegel des Teiches.
5.	54,37	34,57	
	216,32	306,13	Summa.

Vorwärts = 306,13 Centimeter
Rückwärts = 216,32 „

also Steigung = 89,91 Centimeter.

Ergiebt das Rückwärtsvisieren eine größere Summe, als das Vorwärtsvisieren, so findet natürlich Senkung statt.

210. Welcher Vorteil ist beim Nivellement aus der Mitte zu beachten, insofern es das Terrain erlaubt?

Der Vorteil, gleichlange Stationen zu wählen. Es gleichen sich hierdurch die kleinen Nivellementsfehler aus, und sogar ein nicht justiertes Instrument giebt, dieser Ausgleichung halber, richtige Resultate.

Zeitfracht Medien GmbH
Ferdinand-Jühlke-Straße 7
99095 Erfurt, Deutschland
produktsicherheit@kolibri360.de